# 青少年
# 人工智能编程
## 入门与实战

高程　刁彬斌　王浩　等编著

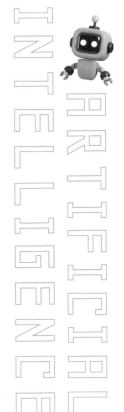

INARTIFICIAL INTELLIGENCE

U0194429

化学工业出版社
·北京·

内容简介　　　　本书通过丰富有趣的案例，介绍了利用未来板和Kittenblock编程平台进行人工智能项目开发的思路及技巧。

本书主要内容包括：人工智能入门、Kittenblock在线人工智能项目、未来板与人工智能、离线型人工智能，以及人工智能综合项目——无人车，将未来板的各模块功能及使用、扩展模块的应用、Kittenblock图形化编程模块及技巧等知识穿插其中。全书实用性及可操作性强，语言简洁凝练，讲解生动，通俗易懂，图形化编程模式更易于初学者学习。同时，本书还附赠程序源代码，方便练习与实践。

本书适合中小学生及信息技术教师、人工智能技术初学者等学习使用，也可以用作相关培训机构的教材及参考书。

**图书在版编目（CIP）数据**

青少年人工智能编程入门与实战 ／ 高程等编著 .

北京 ： 化学工业出版社，2025. 1. -- ISBN 978-7-122 -46768-3

Ⅰ．TP18-49

中国国家版本馆 CIP 数据核字第 2024L8L928 号

---

责任编辑：耍利娜　　　　　　　　　　文字编辑：侯俊杰　李亚楠　陈小滔
责任校对：刘　一　　　　　　　　　　装帧设计：王晓宇

---

出版发行：化学工业出版社（北京市东城区青年湖南街 13 号　邮政编码 100011）
印　　装：天津市银博印刷集团有限公司
710mm×1000mm　1/16　印张 10¼　字数 152 千字　2025 年 3 月北京第 1 版第 1 次印刷

---

购书咨询：010-64518888　　　　　　　　售后服务：010-64518899
网　　址：http://www.cip.com.cn
凡购买本书，如有缺损质量问题，本社销售中心负责调换。

---

定　　价：59.00 元　　　　　　　　　　　　　　　　版权所有　违者必究

本书选择 Kittenblock 软件为载体，使用未来板为开源硬件，解决初学者学习人工智能编程的痛点。

未来板是一块 MicroPython 微控制器板，它集成 ESP32 高性能双核芯片，使用当下最流行的 Python 编程语言作为开发环境。未来板上搭载彩色显示屏、RGB 灯、加速度计、麦克风、光线传感器、蜂鸣器、按键开关、WiFi 模块。通过简单的编程，我们可以把自己的想象力转化为现实生产力，制作出足够酷的小作品。

Kittenblock 是一款对未来板非常友好的教育软件，它可以让我们从图形化编程入手，进而轻松掌握未来板创意编程。

考虑到初学者学习人工智能编程的难度，本书开始时，讲解无需编程的纯人工智能程序，通过入门章节的学习，初学者可以对人工智能技术建立初步的认识。之后，本书又讲解了未来板创意编程、拓展方法、通信技术、物联网、人工智能、电脑交互式动画程序，完成未来板创意程序的学习过程，通过未来板编程学习奠定开源硬件编程基础。最后，讲解了未来板拓展 KOI 人工智能摄像头，完成开源硬件人工智能程序的学习。

由于时间和水平有限，书中不妥之处在所难免，还望广大读者批评指正，谢谢！

编著者

扫码下载
程序源文件

目录 CONTENTS

第三章

# 未来板与人工智能 ………………………… 035

第四章

# 离线型人工智能 ································ 136

第五章

# 人工智能综合项目 ·························· 151

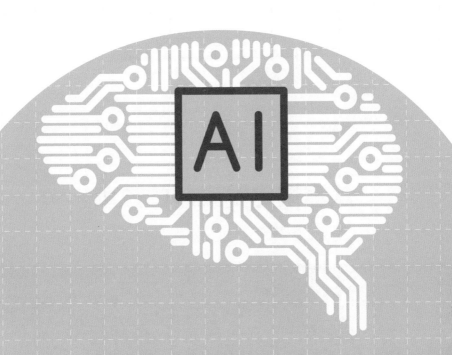

# 第一章
# 人工智能入门

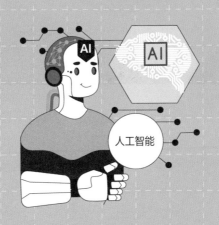

人工智能

# 从围棋比赛说起的故事

　　1996年2月10日至17日，在美国费城举行了一场别开生面的国际象棋比赛，报名参加比赛者包括了IBM的"深蓝"计算机和当时的世界棋王卡斯帕罗夫。

　　1996年2月17日，比赛最后一天，世界棋王卡斯帕罗夫对垒"深蓝"计算机。在这场人机对弈的6局比赛中，棋王卡斯帕罗夫以4∶2战胜"深蓝"，获得40万美元的高额奖金。人胜计算机，首次国际象棋人机大战落下帷幕。

　　但棋王并没有笑到最后。1997年5月11日，卡斯帕罗夫以2.5∶3.5（1胜2负3平）输给"深蓝"计算机。"深蓝"与棋王的对决，充分地体现出人工智能技术的发展。我们如何应对人工智能的发展呢？

# 什么是人工智能？如何判断人工智能？

人工智能（artificial intelligence，AI），是研究、开发用于模拟、延伸和扩展人的智能的理论、方法、技术及应用系统的一门新的技术科学。

人工智能是计算机科学的一个分支，它企图了解智能的实质，并生产出一种新的能以人类智能相似的方式作出反应的智能机器，该领域的研究包括机器人、语言识别、图像识别、自然语言处理和专家系统等。人工智能从诞生以来，理论和技术日益成熟，应用领域也不断扩大，可以设想，未来人工智能带来的科技产品，将会是人类智慧的"容器"。人工智能可以对人的意识、思维的信息过程进行模拟。人工智能不是人的智能，但能像人那样思考，也可能超过人的智能。

1956 年夏季，以麦卡赛、明斯基、罗切斯特和申农等为首的一批有远见卓识的年轻科学家在一起聚会，共同研究和探讨用机器模拟智能的一系列有关问题，并首次提出了"人工智能"这一术语，它标志着"人工智能"这门新兴学科的正式诞生。

判断机器是不是具有人工智能般的思考，其实稍早于人工智能学科的正式建立。

1950 年 10 月，图灵在对人工智能的研究中，发表了一篇题为《机器能思考吗》的论文，其中提出了一种用于判定机器是否具有智能的试验方法，即图灵试验。

图灵试验由计算机、被测试的人和主持试验人组成。计算机和被测试的人分别在两个不同的房间里。测试过程由主持人提问，由计算机和被测试的人分别作出回答。观测者能通过电传打字机与机器和人联系（避免要求机器模拟人的外貌和声音）。被测人在回答问题时尽可能表明他是一个"真正的"人，而计算机也将尽可能逼真地模仿人的思维方式和思维过程。如果试验主持人听取他们各自的答案后，分辨不清哪个是人回答的，哪个是机器回答的，则可以认为该计算机具有了智能。这个试验可能会得到大部分人的认可，但是却不能使所有的哲学家感到满意。

# 人工智能的发展阶段

人工智能这门学科，在不到一个世纪的时间内得到了飞速发展。它的发展阶段可以划分为孕育期、发展期、低谷期、复苏期和爆发期。

| 时期 | 事件 |
|---|---|
| 孕育期 | 1956 年，美国达特茅斯学院举行历史上第一次人工智能研讨会，这被认为是人工智能诞生的标志，首次提出"人工智能"概念 |
| 发展期 | 20 世纪 50 年代后期到 60 年代，人工智能研究在机器定理证明、机器翻译等方向取得重要进展，计算机跳棋程序也战胜了人类选手 |
| 低谷期 | 1987—1993 年，由于被认为并非下一代发展方向，人工智能的拨款受到限制，失去资金支持后，人工智能进入低谷期。原因是计算机证明的数学定理十分有限，计算机翻译的文学作品颠三倒四 |
| 复苏期 | 20 世纪 90 年代开始，互联网推动人工智能不断地创新和发展。机器学习、人工神经网络等技术开始兴起 |
| 爆发期 | 2006 年，加拿大多伦多大学 Hinton 教授提出神经网络深度学习算法。深度学习技术被广泛应用到计算机视觉、自然语言处理等领域。人工智能进入爆发期 |

# 人工智能与人类智能的对比

人工智能研究领域与人类智能具有一一对应的关系。

| 人类智能 | 人工智能研究领域 |
|---|---|
| 语言智能 | 自然语言处理：让机器人能够说话，能够表达 |
| 逻辑判断 | 机器定理证明和符号运算：数学证明、解题 |
| 神经控制 | 神经网络：研究模拟人的神经控制 |

续表

| 人类智能 | 人工智能研究领域 |
|---|---|
| 视觉空间智能 | 图像识别：人脸识别、车牌识别、文字识别、物体识别等 |
| 自然观察能力 | 模式识别：实现人的识别能力 |
| 多种智能组合 | 人工智能 |

# 五、

# 人工智能体验项目

## 1. 手机 QQ 浏览器：拍照翻译、识别花草

QQ 浏览器 APP，集成了花草识别、自动翻译等人工智能功能。

| | |
|---|---|
| 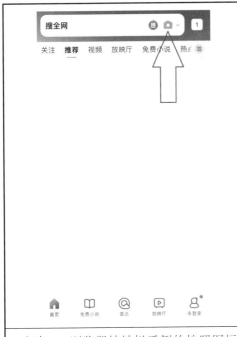 | 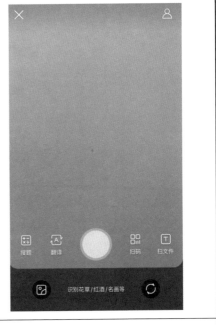 |
| 点击 QQ 浏览器地址栏后侧的拍照图标，使用浏览器的拍照功能 | QQ 浏览器拍照功能中，可以实现花草识别、翻译等项目 |

## 2. 手机掌阅软件：语音合成的体验

掌阅 APP 是一款功能强大的看书软件，但是长时间使用手机看书，容易使眼睛产生疲劳。这个软件已经集成了听书功能，可以将电子书内容朗读出来。

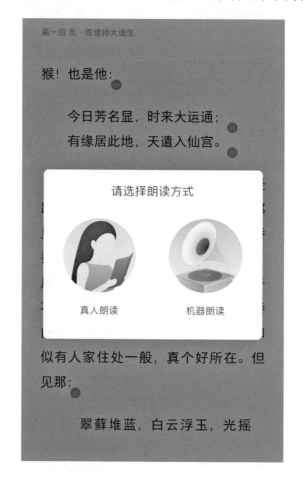

掌阅软件中集成的读书功能包含真人朗读和机器朗读两种读书方式，机器朗读又分为在线和离线两种方式。机器朗读是典型的语音合成技术，大家可以比较在线和离线朗读两种效果的异同。

## 3. 手机微信：语音转文字、语音输入

手机微信中有非常强大的语音转文字和语音输入功能，方便信息的接收和输入。当大家收到语音消息，又不方便听语音时，可以按住相应的语音消息，在弹

出的窗体中选择"转文字",这样语音消息就转换为文字,方便大家以看的方式读取消息。当不方便采用打字的方式回复消息时,可以发送语音消息,将语音消息拖动到输入窗口,则语音消息会转变为文字消息发送给对方。

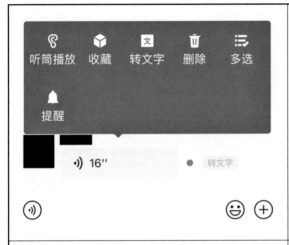

| 按住语音消息,在弹出的窗口中选择"转文字",则语音消息转为文字消息 | 录制语音信息时,向上拖动语音消息,可以出现转换文字的选项 |
| --- | --- |

### 4. 九歌作诗系统:诗词的自动编写

九歌人工智能作诗系统,可以方便大家利用人工智能实现诗人梦想。

人工智能技术已经出现在大家的身边，应用于生活中的各个领域。可以说我们都是人工智能技术的受益者。

5."百度 AI 体验中心"微信小程序

使用"百度 AI 体验中心"微信小程序就能体验非常齐全的人工智能技术，这个微信小程序涵盖图像技术、人脸与人体识别、语音技术、知识与语义等人工智能体验项目。

| 微信小程序中搜索"百度 AI 体验中心"，查找这个微信小程序 | "百度 AI 体验中心"小程序，按照分类列举不同类别的 AI 体验项目 |
| --- | --- |

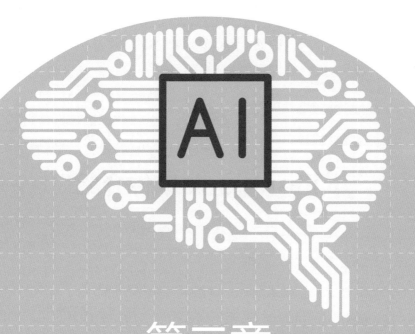

# 第二章
# Kittenblock在线人工智能项目

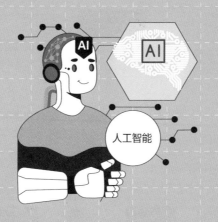

人工智能

# Kittenblock 软件介绍

## 1. 什么是 Kittenblock 软件

Kittenblock 是小喵科技出品的一款图形化编程软件，除了基本的如 micro：bit、Arduino 等开源硬件的在线离线编程支持外，还涵盖许多实用的插件，如 IoT（物联网）、人工智能等。

Kittenblock 可以实现视频侦测、文字朗读、语音识别、语言翻译、人脸识别、百度大脑、机器学习等人工智能功能。

Kittenblock 软件界面如下：

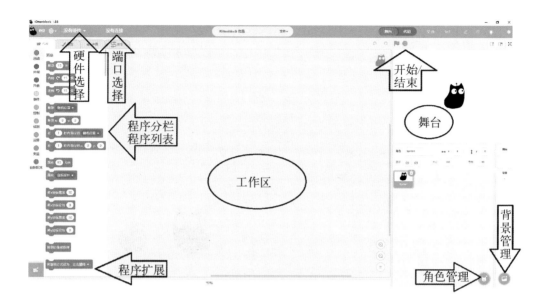

分类程序列表（按分类陈列图形化程序模块）如下：

| 模块 | 内容及功能 |
|------|-----------|
| 动作 | 设置角色位置、方向、移动 |
| 外观 | 设置角色大小、颜色、说话与舞台背景 |
| 声音 | 播放声音、音调 |
| 事件 | 当遇到某个条件，触发对应操作：最常用绿旗被点击开始程序，以及广播内容 |
| 控制 | 等待、条件和循环等 |
| 侦测 | 检测舞台或角色的各个动作：碰到鼠标，碰到颜色，询问与回答 |
| 运算符 | 加减乘除，比较，与或非，字符串操作，随机数 |
| 变量 | 设置和引用变量 |
| 自制积木 | 自定义程序 |

## 2. Kittenblock 编程的精髓

Kittenblock 软件的编程精髓是对动画角色的事件编程，默认是对舞台上的小喵编程，当增加动画角色或者背景时，需要注意点击对应角色，再进行编程。

例如：点击 Kittenblock 软件右下角的角色添加按钮，增加"苹果"角色。分别对小喵和苹果增加"当角色被点击"事件，可以分别实现两个角色的自我介绍功能。

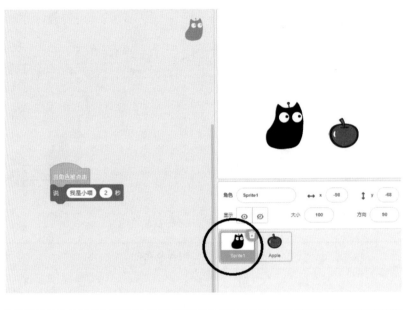

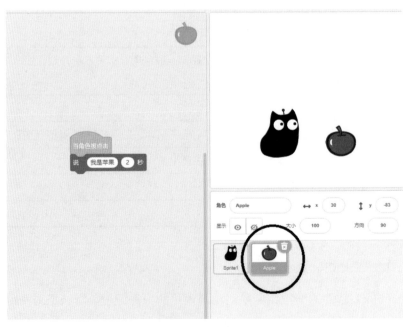

# 语音合成项目

语音合成，即文本转语音技术 TTS（text to speech），将文本转换为人们可以听得懂的语音。

**发展阶段** ┄┄┄┄┄ ☺

第一代，初级阶段——文字字音朗读（机械发音）。

第二代，单元挑选拼接阶段——句子分解为多个单词。

第三代，基于 HMM（隐马尔可夫模型）的参数语言合成阶段—— HMM 训练的语音。

第四代，基于深度学习的语音合成阶段——自然语音。

完成语音合成项目，需要以下 Baidu AI 模块。

| 程序模块 | 分类 | 说明 |
|---|---|---|
| tts人物 度小宇 ▼ | Baidu AI | 设置语音合成的语言风格 |
| tts文字转语音 你好呀 | Baidu AI | 将文本合成为自然语言语音 |

## 任务一 语音合成——向世界问声"世界，你好"

**说明** ·········☺

当绿色旗子被点击时，向世界问声"世界，你好"。

## 任务二 叫号程序

**说明** ·········☺

绿旗被点击时，变量 x 的值归零。

当空格键被按下时，变量 x 加 1，发出声音"请第 x 号同学，做准备"。

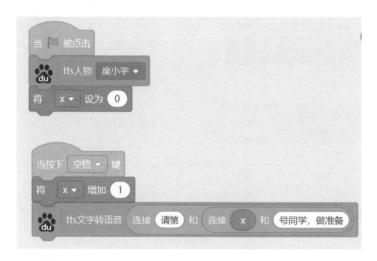

# 语音识别项目

语音识别是让机器听懂人类语言的技术。

实现原理：话筒将声波转换为电信号，计算机将电信号数字化存储为音频文件，计算机对语音文件进行特征提取，与语言模型进行匹配，得出处理结果。

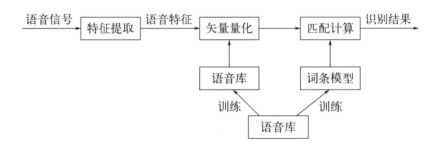

完成语音识别项目，需加载如下 Baidu AI 模块。

| 程序模块 | 分类 | 说明 |
| --- | --- | --- |
| 听候语音输入 超时 6 | Baidu AI | 触发麦克风录制语音并进行识别 |
| 语音输入 | Baidu AI | 语音识别的结果 |
| 当听到 | Baidu AI | 识别特定结果，进行对应的事件 |

## 任务　　白天与黑夜

### 说明 ----------☺

当空格键被按下时，开启语音识别；

当识别为白天时，小猫去篮球场玩耍；

当识别为黑夜时，小猫去卧室睡觉。

### 程序准备 ----------☺

添加篮球场和卧室的背景。

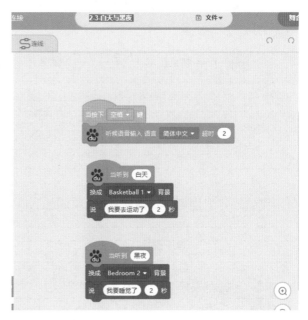

# 四、

# 机器翻译

机器翻译是利用计算机把一种自然语言自动转化为另一种语言的技术。

**发展阶段** ········ ☺

第一代，基于规则的方法翻译。

第二代，基于统计的机器翻译。

第三代，基于神经网络的机器翻译。

要实现机器翻译程序，需加载如下翻译模块。

| 程序模块 | 分类 | 说明 |
|---|---|---|
| 设置服务器 baidu ▼ | 翻译 | 设置语音合成的 Baidu AI 语言风格 |
| 将 你好 译为 英语 ▼ | 翻译 | 将内容翻译为英语，可以调节参数完成不同语言的翻译 |

**任务　　机器翻译机**

**说明** ········ ☺

当空格键被按下时，进行声音的录制。

将录制的结果，转换为英语说出来。

# 五、

# 语义分析

语义分析指运用各种方法，学习与理解一段文本所表示的语义内容。人工智能中的语义分析，即让机器分析和了解人们的语义内容。

实现语义分析程序，需要加载使用如下 Baidu AI 模块。

| 程序模块 | 分类 | 说明 |
|---|---|---|
|  | Baidu AI | 完成围绕关键词的写春联操作 |
| 对话机器人 技能 闲聊 你好 | Baidu AI | 机器人根据关键词句，回答对应的问题 |

## 任务　聊天机器人

说明 ----- ☺

空格键被按下时，机器人回答输入的问题。

# 视频侦测

通过截取视频当前图片与前一帧进行对比，检测画面的变化情况。

使用视频侦测功能，需加载"视频侦测"模块。

| 程序模块 | 分类 | 说明 |
|---|---|---|
| 当动作 > 10 | 视频侦测 | 将摄像头侦测画面与上一帧画面进行对比，当画面差异度大于 10（没有实际物理量，只是表示一种变化的程度），执行对应的事件 |

**任务** 入侵检测程序

**说明** ☺

当视频中有运动物体时，动画角色说"发现运动"。

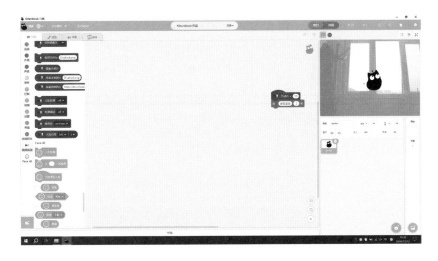

# 人脸检测

人脸检测是一种生物特性物体的识别，根据人脸的生物属性，对识别点进行标定，把对应位置反馈回来。

实现人脸检测程序，需要加载使用"视频侦测"和"Face AI"模块。

| 程序模块 | 分类 | 说明 |
|---|---|---|
| 人脸检测 on ▼ | 视频侦测 | 视频侦测中，开启人脸检测功能 |
| ☺ 人脸检测 | Face AI | 进行人脸检测 |
| ☺ 当检测到人脸 | Face AI | 当检测到人脸时，执行对应的事件 |
| 戴面具 ironman ▼ | 视频侦测 | 给人脸戴钢铁侠面具 |
| ☺ 年龄 | Face AI | 提取人脸的年龄特征 |

## 任务一    我也可以是钢铁侠

说明 ·········☺

当绿色旗子被点击时，开启人脸识别功能；

当空格键被按下时，进行人脸检测；

当检测到人脸时，给人脸戴面具。

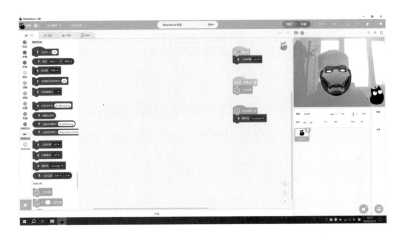

## 任务二　你的年龄我来猜

### 说明

当绿色旗子被点击时，开启人脸识别功能；

当空格键被按下时，进行人脸检测；

当检测到人脸时，显示人脸的年龄。

# 八、

# 人脸辨识

人脸辨识就是将当前识别的人脸样本与人脸数据库中的样本进行对比与匹配的过程。

实现人脸辨识程序，需要加载使用如下模块。

| 程序模块 | 分类 | 说明 |
|---|---|---|
|  | Face AI | 创建人脸数组 ClassA，建议使用时修改为自己的个性变量名 |
| 添加人脸 Tom 组 ClassA | Face AI | 向人脸数组中添加人脸对象 Tom |
| 搜索人脸组 ClassA 可信度 80 | Face AI | 搜索人脸数组，匹配可信度为 80% |
| 当搜索完成 | Face AI | 当搜索完成时，执行对应的事件 |
| 搜索结果名字 | Face AI | 搜索人脸的结果 |

## 任务　　特定人员识别

说明

当绿色旗子被点击时，创建人脸数组 ClassHz；

当 a、s 键被按下时，录入对应的人脸模型；

当空格键被按下时，开始人脸检测；

当检测到人脸时，搜索人脸数组；

当搜索完成时，显示搜索结果。

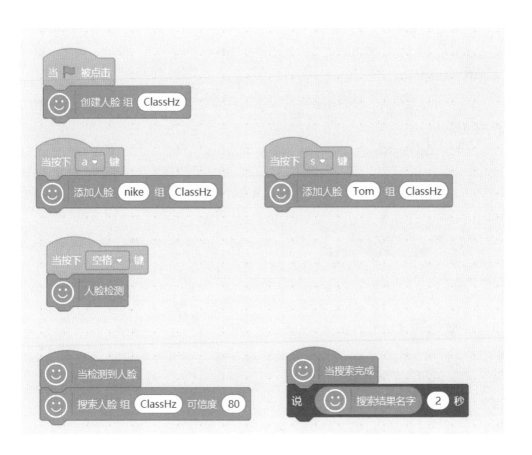

# 九、

# 文字识别

利用计算机自动识别字符的技术是模式识别应用的一个重要领域。

文字识别一般包括文字信息的采集、分析与处理、分类判别等几个部分。

信息采集：将纸面上的文字灰度变换成电信号，输入到计算机中去。信息采集由文字识别机中的送纸机构和光电变换装置来实现，有飞点扫描、摄像机、光敏元件和激光扫描等光电变换装置。

信息分析和处理：对变换后的电信号消除各种由印刷质量、纸质（均匀性、污点等）或书写工具等因素所造成的噪声和干扰，进行大小、偏转、浓淡、粗细等各种正规化处理。

信息的分类判别：对去掉噪声并正规化后的文字信息进行分类判别，以输出识别结果。

实现文字识别程序，需要加载使用如下模块。

| 程序模块 | 分类 | 说明 |
|---|---|---|
| 文字识别 txt ▼ | Face AI | 对印刷体文字进行文字识别 |
| 建立一个列表 ☑ Wen | 变量 | 变量，建立自定义列表 Wen |
| 删除 Wen ▼ 的全部项目 | 变量 | 清空列表全部项目内容 |
| 将视频 开启 ▼ | 视频侦测 | 视频侦测，将视频"开启"更改为"镜像"参数 |

## 任务　识别印刷体文字内容

**说明**

当绿色旗子被点击时，摄像头开启镜像功能。

当空格键被按下，删除列表内容后，进行文字识别。

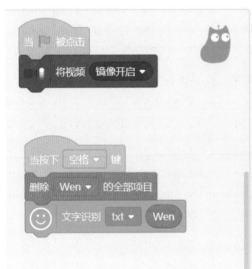
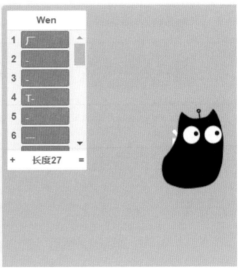

# 特定物体的识别

机器学习是研究怎样使用计算机模拟或实现人类学习活动的科学，是人工智能中最具智能特征、最前沿的研究领域之一。

多种物体识别的核心使用机器学习技术，通过大量标定好的样本训练识别模型。

实现特定物体的识别，需加载使用如下模块。

| 程序模块 | 分类 | 说明 |
|---|---|---|
| 识别 类别 蔬菜 ▼ | Baidu AI | 识别特定的种类 |
| 当识别完成 | Baidu AI | 当识别完成时，执行对应的事件 |
| 识别结果 | Baidu AI | 识别的结果 |

## 任务　蔬菜我来猜

说明 ·········☺

当绿色旗子被点击时，摄像头开启镜像功能。

当空格键被按下，开始大类别的识别。

当识别结果完成时，显示识别结果。

# 机器学习

机器学习是专门研究计算机怎样模拟人类的学习行为，以获取新的知识或技能，重新组织已有的知识结构使之不断改善自身性能的人工智能技术。

KNN（K near neighbor）是一种分类算法，这个算法于 1968 年由 Cover 和 Hart 提出，应用场景有字符识别、文本分类、图像识别等领域。

该算法的思想是：一个样本与数据集中的 $k$ 个样本最相似，如果这 $k$ 个样本中的大多数属于某一个类别，则该样本也属于这个类别。

实现机器学习，需加载使用如下模块。

| 程序模块 | 分类 | 说明 |
| --- | --- | --- |
| ⑤ 初始化 特征提取器 | 机器学习 | 初始化特征提取器 |
| ⑤ 特征提取 | 机器学习 | 提取图像中的特征码 |
| ⑤ KNN 添加特征 ● 标签 rock | 机器学习 | 将特征与标签绑定，需要与特征提取配合使用 |
| ⑤ KNN 分类 特征 ● | 机器学习 | 识别分类特征，需要与特征提取配合使用 |

机器学习特征识别过程主要包含：

① 初始化特征提取器；

② 多次绑定特征与标签；

③ 进行特征分类识别。

## 任务　石头剪刀布游戏

### 说明 ☺

当绿色旗子被点击时，初始化特征提取器。

训练石头、剪刀、布的特征（a 键训练石头，s 键训练剪刀，d 键训练布）。

当空格键被按下时，识别图像特征并处理。

# 图片分类器

图片分类是指计算机凭借丰富的训练模型，推测当前图片所属分类的过程。

MobileNet 在 2017 年由谷歌提出，是一款专注于移动设备和嵌入式设备的轻量级 CNN 神经网络，并迅速衍生了 v1、v2、v3 三个版本。相比于传统的 CNN 网络，在准确率小幅降低的前提下，MobileNet 能大大减少模型参数和运算量。

实现图片分类，需加载使用如下模块。

| 程序模块 | 分类 | 说明 |
|---|---|---|
| 5 图像分类器加载 MobileNetLocal ▼ | 机器学习 | 初始化图形分类器的模型 |
| 5 图像分类器 预测 | 机器学习 | 进行预测 |

**程序实现** ········· ☺

# 十三、

# 神经网络画画

计算机通过神经网络方式不断地学习之后，可以像人一样完成图画的绘制。为了完成这个绘画程序，需要加载使用如下模块。

| 程序模块 | 分类 | 说明 |
|---|---|---|
| 5 模型服务器 global ▼ | 机器学习 | 设置模型的服务器，建议设置 kittenbot.cn 的服务器 |
| 5 涂鸦RNN 初始化 cat ▼ | 机器学习 | 让机器人根据神经网络模型绘制图案 |
| 5 涂鸦RNN 绘画 画笔 ● | 机器学习 | 让机器人在舞台绘画 |

程序实现 ········· ☺

当绿旗被点击后，计算机开始绘制图形 cat，等待一段时间，可以观察发现计算机绘制的图还是不错的。

# 独享 Baidu 大脑账号

使用 Baidu 大脑时，返回 undefined，可能无法反馈正确的参数，问题在于百度 AI 的基于云端服务功能有一定额度。因为小喵科技公司已经购买了一定次数的云端服务额度，但是有些服务可能调用多一些，所以导致这些服务超出数额而无法返回正确的参数。因此如果对稳定性要求很高的用户，可以注册自己的 Baidu 大脑账号，使用自己的额度。方法如下：

步骤 1，登录 Baidu AI 平台，注册账号，并登录控制台页面。

Q 器 ☐ ☐ 备案 工单 文档 企业 财务 生态 风 ∨

**人脸识别** ⋯

| 全部 ∨ | 全部 ∨ | 调用量 QPS | 7天 30天 |

暂时没有数据

**图像搜索** ⋯

| 全部 ∨ | 全部 ∨ | 调用量 QPS | 7天 30天 |

暂时没有数据

步骤 2，点击具体的分类名称，比如想建立语音识别程序，需要点击"语音识别"这个分类链接，进入应用配置页面。

概览

应用

用量 数据约有15分钟延迟，如有任何疑问或需求，可 提交工单 联系我们

**已建应用: 0 个**

管理应用

创建应用

| API | 调用量 |
| --- | --- |
| 短语音识别-中文普通话 | 0 |
| 短语音识别-英语 | 0 |
| 短语音识别-粤语 | 0 |
| 短语音识别-四川话 | 0 |

可用服务列表

完成实名认证，可提升语音免费并发和免费测试调用量 立即认证 查看并发详情

步骤 3，点击"创建应用"按钮，进入创建应用的主界面，填写应用名称、应用说明，点击"完成创建"按钮完成应用的创建。

创建新应用

| * 应用名称: | 未来板测试程序 |

* 接口选择:　　部分接口免费额度还未领取，请先去领取再创建应用，确保应用可以正常调用 去领取
　　　　　　　勾选以下接口，使此应用可以请求已勾选的接口服务。注意语音技术服务已默认勾选并不可取消。

□ 语音技术　　√ 短语音识别　　　√ 短语音识别极速版
　　　　　　　√ 实时语音识别　　√ 音频文件转写　　√ 短文本在线合成
　　　　　　　√ 语音自训练平台　√ 呼叫中心语音　　√ 远场语音识别
　　　　　　　√ 任务创建

　　　　　　⊞ 文字识别
　　　　　　⊞ 人脸识别
　　　　　　⊞ 自然语言处理
　　　　　　⊞ 内容审核 ⑴
　　　　　　⊞ UNIT ⑴
　　　　　　⊞ 知识图谱
　　　　　　⊞ 图像识别 ⑴
　　　　　　⊞ 智能呼叫中心
　　　　　　⊞ 图像搜索
　　　　　　⊞ 人体分析
　　　　　　⊞ 图像增强与特效
　　　　　　⊞ 智能创作平台
　　　　　　⊞ 机器翻译

* 语音包名:　　○ iOS　　○ Android　　● 不需要

* 应用归属:　　公司　　个人

步骤 4，完成应用创建后，在应用列表中查询"API Key"和"Secret Key"，记录下来，以备编程使用。需要注意：Baidu 大脑不同类型的人工智能程序的 API Key 不能通用，需要重复上述步骤获取不同的 API Key。

应用列表

＋ 创建应用

| | 应用名称 | AppID | API Key | Secret Key |
|---|---|---|---|---|
| 1 | 未来板测试程序 | 25522516 | mukG9mUgVw5aO8yfxsX3QSZ9 | ****** 显示 |

步骤 5，编写程序时，使用下面的程序模块，完成调用独立 Key 的 Baidu 语音程序。此程序模块需要编写在所使用语音程序的前面。

| 程序模块 | 分类 | 说明 |
| --- | --- | --- |
| 语音 API Key: ⚪ Secret: ⚪ | Baidu AI | 设置调用独立 Key 的 Baidu 应用程序 |

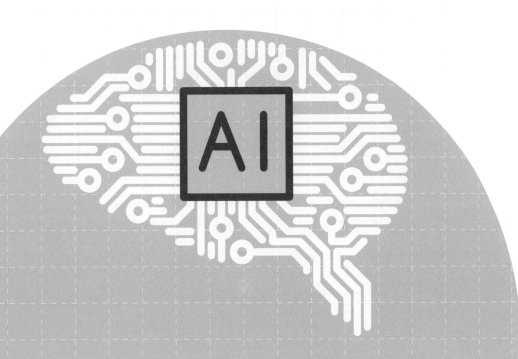

# 第三章
# 未来板与人工智能

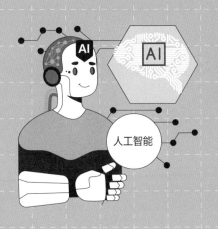

未来板提供了诸多实用的传感器，搭载了一块尺寸为 160mm×128mm 的全彩 TFT 屏幕，基于 ESP32 的教育硬件，其自带的 WiFi 与蓝牙功能尤其适用于体验当前主流的 IoT 和 AI 并学习其相关知识。

未来板主要有如下特色：

● 提供适合未来板使用的图形化编程软件（基于 Scratch3.0 操作习惯的 Kittenblock）以及纯 Python 代码编程平台（可进行 Python3 与 microPython 编程的 KittenCode）。

● 自带全彩显示屏，各种状态和传感器信息可即时打印到屏幕，实现所见即所得。

● 支持普通话、粤语、英文的语音识别，轻松完成智能化运用。

● 板载 Speaker 和 RGB 全彩灯，强调视听反馈，为作品添色。

● 专门设计的 FutureOS GUI（图形交互界面），配合板载 SD 卡座，可插 SD 卡扩展存储空间，重要的是可实现预存多程序并自由选择执行程序。

● 采用特殊半包壳结构设计：正面为精美的塑料壳（ABS）包裹，以稳固屏幕及增加美观度；背面则有意露出，一方面便于教育者或个人直接针对传感器及电路进行教学和理解，另一方面则是尽可能减小板子体积。头顶两根天线结构的设计则是以富有未来感的天线为参照而得。

● 延续了 micro：bit 底部金手指的风格，考虑到大部分老师教学中都曾使用过 Micro：bit 及拥有对应扩展板，未来板支持与这些扩展板结合使用，降低了教学成本。

● 使用未来板可以轻松开展物联网教学与项目制作，提供便捷好用的 MQTT 服务器。

● 未来板可实现板对板通信及广播式通信，满足遥控机器人和各种教学互动需求。

● 集成 3.7V 锂电池接口和电池充电电路，让你的创意摆脱数据线。

● 留有挂绳口，便于携带与收纳。

● 支持无线下载程序（WS REPL），平板端也能学编程。

| 主控 | EPS32-WROVER-B |
|---|---|
| 主频 | 240MHz |
| Flash ROM | 4MB |
| RAM | 8MB |
| 供电方式 | TypeC USB/3.7V 锂电池（可充电） |
| 最大工作电压 | 3.6V |
| 最大工作电流 | 1A |
| 尺寸 | 51.6mm×51.6mm×11mm |
| 质量 | 22.6g |
| 板载资源 | ST7735-1.77 英寸（约 4.5cm）-160mm×128mm TFT 彩屏 |
| | 3 颗全彩 ws2812 灯珠 |
| | 光敏传感器 |
| | 温度传感器 |
| | 2 颗按钮 |
| | 无源蜂鸣器 |
| | SD 卡槽 |
| | 加速度计 |
| | 19 个金手指 I/O |
| | 磁力计 |
| | 2.4 ～ 2.5GHz WiFi 和蓝牙 |
| | 麦克风（语音识别） |
| 编程平台 | Kittenblock（基于 Scratch3.0） |
| | KittenCode（基于 Python3 与 microPython） |

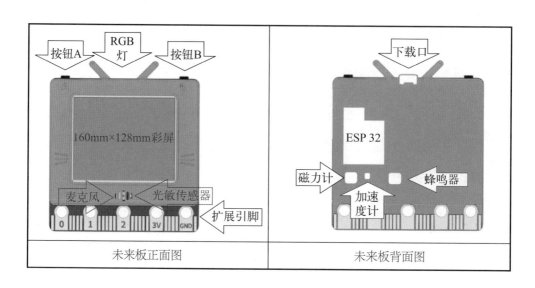

| 未来板正面图 | 未来板背面图 |

# 如何连接未来板

① 将未来板连接到自己的计算机 USB 接口，同时打开未来板的电源开关。

未来板电源开关，在未来板左侧，注意打开电源需要使开关处于"on"的位置

② 在 Kittenblock 软件中，硬件连接中，选择添加未来板。

| | 在硬件选择菜单中，点击"没有硬件"字样的按钮，出现硬件列表 |
| | 选择主控板为未来板 |
| | 选择成功以后，Kittenblock 菜单中出现"未来板"字样 |

③ 在端口选择界面，选择未来板对应的连接接口。

| | |
|---|---|
| 登录 没有硬件 没有连接 / 代码 造型 声音 连线 | 点击"没有连接"字样的端口选择菜单,出现"选择连接方式"窗口 |
| FutureBoard 数据线连接 无线连接 选择连接方式 | 在选择连接窗口中,点击"数据线连接"按钮,将出现"数据连接"窗口 |
| FutureBoard 设备名称 USB 串行设备 (COM4) 连接 选择上面列出的设备。 刷新 | 在"数据连接"窗口中,点击"连接"按钮完成未来板的硬件连接 |
| FutureBoard 已连接 断开连接 返回编辑器 | 完成硬件连接之后,点击"返回编辑器"按钮回到 Kittenblock 编程主界面 |
| 登录 未来板 USB 串行设备 (COM4) 代码 造型 声音 连线 | 端口连接成功后,Kittenblock 菜单中出现"USB 串行设备"字样 |

# 烧录固件

为了实现越来越强大的功能，未来板需要保持固件的更新，更新方法是点击Kittenblock 主界面"恢复固件"菜单，在出现的固件更新窗口，点击"主固件"按钮，完成未来板的固件更新。

固件更新过程中，不要中断 USB 数据线的数据传输，以免造成未来板的硬件损坏。固件更新过程中，会有更新进度提示，请耐心等待，直到提示"固件更新完成"后，重新连接未来板。

```
下载中


Writing at 0x00035000... (16 %)
```

# 编写第一个程序——"Hello world"

对每一位程序员来说，"Hello world"这个程序几乎是每一门编程语言中的第一个示例程序。那么，这个著名的程序究竟从何而来呢？

实际上，这个程序的功能只是告知计算机显示"Hello world"这句话。传统意义上，程序员一般用这个程序测试一种新的系统或编程语言。对程序员来说，看到这两个单词显示在电脑屏幕上，往往表示他们的代码已经能够编译、装载，以及正常运行了，这个输出结果就是为了证明这一点。

这个测试程序在一定程度上具有特殊的象征意义。在过去的几十年间，这个程序已经渐渐地演化成为一个传统。几乎所有的程序员，当第一次实现与计算机成功沟通之后，在某种程度上，他们的肾上腺素就会急剧上升（激动不已）。以下就是这个著名程序的诞生故事。

"Hello world"最早是由 Brian Kernighan 创建的。1978 年，Brian Kernighan 写了一本名叫《C 程序设计语言》的编程书，在程序员中广为流传。他在这本书中第一次引用的"Hello world"程序，源自他在 1973 年编写的一部讲授 B 语言的编程教程。

选择"未来板"并连接成功硬件之后，就可以对未来板进行编程了。下面我们就来完成这个经典的程序吧！

| 程序模块 | 分类 | 说明 |
| --- | --- | --- |
| 当 ▶ 被点击 | 事件 | "绿旗"被点击事件，程序被执行的第一个事件 |
| 填充屏幕 ● | 未来板 | 填充屏幕颜色 |

续表

| 程序模块 | 分类 | 说明 |
|---|---|---|
| 显示 英文字符 Hello world x 5 y 10 ● 字号 正常 ▾ | 未来板 | 在未来板屏幕中显示英文等非中文信息 |
| 显示 中文 你好呀 x 5 y 10 ● 字号 正常 ▾ | 未来板 | 在未来板屏幕中显示中文信息 |

　　将绿旗被点击程序和显示英文字符程序模块拖动到"工作区",完成程序的编写工作。为了完成黑底白字的效果,需要修改程序的颜色选项。

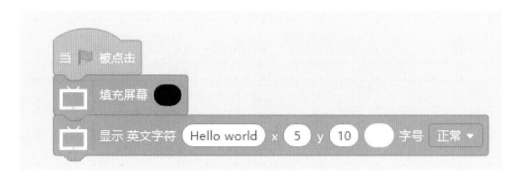

　　点击"绿旗被点击"的按钮,可以看到程序在未来板上出现黑底白字的"Hello world"字样。

# 四、

# 将程序烧录到未来板

Kittenblock 编写未来板程序，默认程序处于"舞台"模式，未来板只能与电脑联机运行，当关闭电脑或者关闭 Kittenblock 软件，未来板的程序将会中断运行。怎么实现未来板的独立运行呢？答案是使用烧录模式。

需要注意：在程序的烧录模式下，Kittenblock 中有关舞台的程序代码不能使用。

| 分类 | 说明 | 分类 | 说明 |
| --- | --- | --- | --- |
| 运动 | 运动分类所有模块 | 事件 | 除绿旗被点击程序，其他所有模块 |
| 外观 | 外观分类所有模块 | 侦测 | 侦测分类所有模块 |
| 声音 | 声音分类所有模块 | | |

烧录模式自动隐藏舞台相关的程序，软件界面如图：

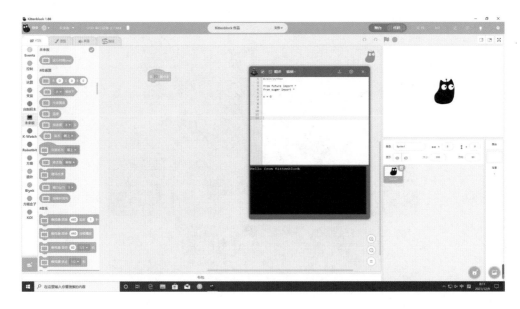

如何启用程序的烧录模式呢？操作方法如下：

第一步，点击 Kittenblock 软件界面，点击"代码"按钮，出现代码编辑窗口。

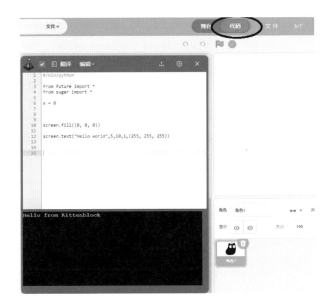

第二步，点击"上传"按钮完成程序的上传工作。

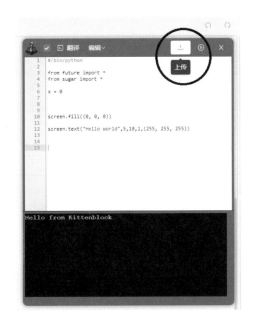

# 功能多样的 OLED 显示屏

未来板板载分辨率为 160×128 的全彩 TFT 屏幕，支持简体中文、繁体中文、日文和韩文语言。显示器显示屏的左上角为（0，0）点，横向每行分布 160 个像素点，纵向每列分布 128 个像素点。为了方便确定字符和图形所在位置，我们可以将屏幕想象为 8×8 的小格子。我们在屏幕上显示信息，就是在格子上画画。

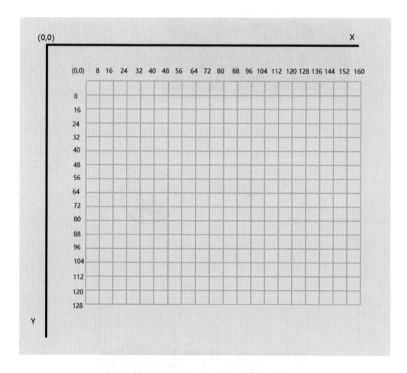

字符的位置依据字符所在左上角位置决定。例如在（16，16）位置显示字符 A，显示效果如图所示。

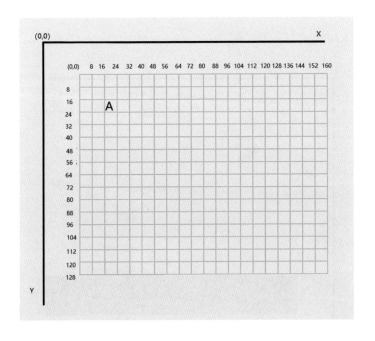

### 1. 绘制图形：小小的房子

拥有属于自己的房子是每个人不断追求的梦想。下面我们就使用显示屏画一座简单的小房子吧。

在屏幕上画图，最难点是找准图形的位置。此前我们学习的将屏幕看成一个个小格子是解决本问题的关键。一个简单的小房子如效果图所示，找出图形的坐标，一个简单的图形就可以快速地绘制出来了。

| 程序模块 | 分类 | 说明 |
|---|---|---|
| 显示 矩形 x 5 y 5 w 50 h 20 填充 否 | 未来板 | 以左上角坐标（5，5）绘制宽度为50、高度为20的矩形，默认不填充颜色 |
| 显示 圆形 cx 100 cy 50 r 20 填充 否 | 未来板 | 以圆心坐标为（100，50）绘制半径为20的圆形，默认不填充颜色 |
| 显示 三角形 x1 5 y1 5 x2 100 y2 50 x3 50 y3 100 填充 否 | 未来板 | 以三个点为顶点绘制三角形，默认不填充 |

**效果图** ☺

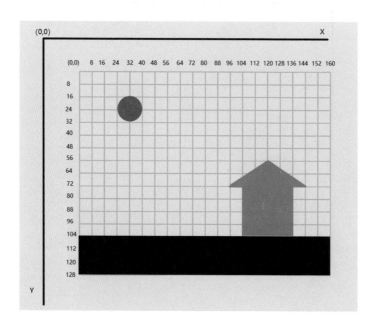

**程序分析** ☺

这个显示效果中，屏幕默认填充白色；红色的太阳是由实心红色圆形绘制；房子由棕色实心三角形和实心矩形绘制；土地部分由黑色矩形绘制。

**程序实现** ☺

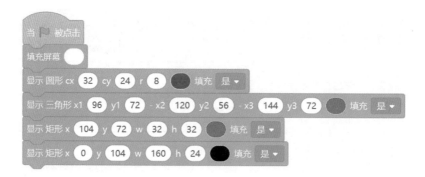

### 2. 动画的实现：倒计时器

现实生活中，我们经常会用到倒计时，比如火箭发射中经典的 10 秒倒计时。下面我们就使用屏幕完成"3-2-1-go"的倒计时小程序吧。要求这个程序在 4 秒的时间内，屏幕的同样位置显示这四项内容。

| 程序模块 | 分类 | 说明 |
|---|---|---|
| 清空屏幕 | 未来板 | 清空屏幕上的内容 |
| 等待 1 秒 | 循环 | 延迟 1 秒的时间 |

程序实现

当 ▶ 被点击
清空屏幕
显示 英文字符 3 x 5 y 10 ● 字号 最大 ▼
等待 1 秒
清空屏幕
显示 英文字符 2 x 5 y 10 ● 字号 最大 ▼
等待 1 秒
清空屏幕
显示 英文字符 1 x 5 y 10 ● 字号 最大 ▼
等待 1 秒
清空屏幕
显示 英文字符 go x 5 y 10 ● 字号 最大 ▼

### 3. 未来板显示自定义图片

未来板可以采用文件上传的方式，将 160 像素 ×128 像素的 bmp、png 或者 gif 图片上传到未来板存储空间，采用编程的方式完成图片的显示。注意上传的图片需要用标准的英文字母或者数字的命名方式。

上传步骤如下：

照片准备，将需要的图片使用图片处理软件修改为 160 像素 ×128 像素的图片，并标准化命名。例如本例中图片被命名为 "bk.png"。

| 处理前，文件命名为 "莒屋之秋 .jpg" | 处理后，文件名为 "bk.png" |

第一步，点击 Kittenblock 软件的"文件"菜单出现"文件管理"窗口。

　　第二步，点击文件管理窗口中，"上传"按钮，选择符合条件的图片，完成图片工作，上传完之后左侧文件列表出现选择的文件。

　　第三步，勾选相应文件，然后点击向右按钮，将文件上传到未来板。

第四步，文件上传过程中会出现上传进度条，上传成功之后文件管理右侧窗口会出现对应的文件名。

| 文件管理 | 下载中 | | × |
|---|---|---|---|
| | [bk.png] 30720/40799 | | |

| 1 项 | 程序内部 | | 9 项 | 硬件 |
|---|---|---|---|---|
| ☐ bk.png | | | ☐ VERSION | |
| | | ☐ | ☐ about.png | |
| | | ☐ | ☐ airkiss.png | |
| | | | ☐ boot1.gif | |
| | | | ☐ course.png | |

⤴ 上传　⤴ 上传文件夹　🗑　⤵　　🗑　　　　　　　　　取消

第五步，根据图片的文件类型，选择对应的程序模块完成程序编写工作。

| 程序模块 | 分类 | 说明 |
|---|---|---|
| 显示 png图片 空▾ x 0 y 0<br>显示 bmp图片 空▾ x 0 y 0<br>显示 gif动图 空▾ x 0 y 0 | 未来板 | 显示相应文件类型的图片 |

程序效果如下：

# RGB 灯控制

未来板头顶触角处有 3 颗全彩 RGB ws2812，连接于未来板的 P7 引脚。未来板的彩灯编号为 1～3 号。注意使用 RGB 灯前需要先做初始化，且设置单个 RGB 灯需要使用刷新功能。

RGB 灯可以发出多彩的颜色，其原理是一颗 RGB 灯中包含红绿蓝三色 LED 灯，通过三个灯的混光实现不同的颜色。

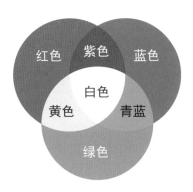

| 程序模块 | 分类 | 说明 |
|---|---|---|
| 彩灯 初始化 接口 P7 ▾ 数目 3 | 未来板 | 使用彩灯前必须要执行一次初始化；默认的 P7 绑定未来板自身的 RGB，数量为 3 颗；可以往其他引脚外接 RGB 灯条并填写对应灯数使用 |
| 彩灯 序号 1 颜色 ● | 未来板 | 单独设置彩灯颜色（需要使用刷新显示） |
| 彩灯 序号 1 R 0 G 125 B 255 | 未来板 | 自定义填色设置单个彩灯（需要使用刷新显示） |
| 彩灯 所有颜色 ● | 未来板 | 设置所有灯的颜色 |
| 彩灯 所有颜色 R 0 G 125 B 255 | 未来板 | 自定义填色设置所有彩灯 |
| 彩灯 熄灭第 1 个灯 | 未来板 | 设置单颗灯熄灭（需要使用刷新显示） |
| 彩灯 全部熄灭 | 未来板 | 彩灯全部熄灭 |
| 彩灯 刷新显示 | 未来板 | 彩灯效果生效（对单个彩灯的操作需要刷新显示） |

交通信号灯

　　交通信号灯是指挥交通的信号灯，一般由红灯、绿灯、黄灯组成。红灯表示禁止通行，绿灯表示准许通行，黄灯表示警示。

程序实现 ⋯⋯⋯☺

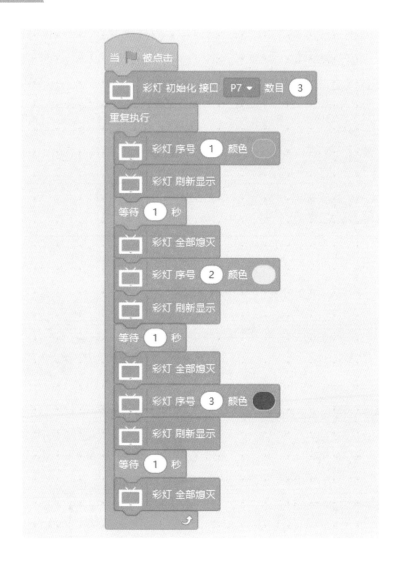

# 蜂鸣器

计算机开机的时候，有个"嘀"的声音从机箱处传递出来。过生日的时候，在打开音乐贺卡的时候，生日快乐的音乐从薄薄的贺卡中传递出来。这种能够发出简单声音的电子器件就是蜂鸣器。

未来板背部集成了无源蜂鸣器，其声音主要是通过高低不同的脉冲信号来控制而产生。声音频率可控，频率不同，发出的音调就不一样，从而可以发出不同的声音，还可以实现"哆来咪发唆拉西"的效果。

| 程序模块 | 分类 | 说明 |
| --- | --- | --- |
| 蜂鸣器 音符 60 1/2 ▼ 拍 | 未来板 | 播放 1/2 节拍的音符 |
| 蜂鸣器 休止 1/2 ▼ 拍 | 未来板 | 停止 1/2 节拍 |

小星星是一首非常经典的儿歌，很多人都能哼出它的旋律。

使用未来板也可以完成这首歌曲的演奏。右图所示是这首歌曲前半部分的对应程序：

以音符的方式编写歌曲程序显得非常庞大，还可以使用旋律的方式编写这个程序。未来板中也内置了一些经典的曲子可以直接播放。另外，未来板还可以按照频率播放声音。

| 程序模块 | 分类 | 说明 |
|---|---|---|
| 蜂鸣器旋律 c4:4 r d4:3 r:2 e4:2 | 未来板 | 蜂鸣器播放歌曲旋律 |
| 蜂鸣器旋律 CORRECT ▾ | 未来板 | 播放内置的音乐旋律 |
| 蜂鸣器 频率 440 延时 1 秒 | 未来板 | 按照频率的方式播放声音 |

小星星歌谱采用旋律的方式编程会非常简洁。

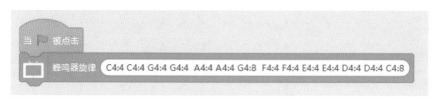

其中，旋律中每个音符都是类似"C4：8"的形式表示，若音频休止则以R表示。音符之间用空格隔开。

"C4：8"的含义如下。

C：英式命名法，代表音调，分别对应着哆～西，一个八度大致分为CDEFGAB这7个调子。

4：八度，比如4，为第四八度。

8：持续时间，在bpm=120且四分音符为一拍的默认情况下，1秒2拍即每拍0.5秒，8则代表着四分音符的2倍，所以该c4：8的时长持续为1秒。

蜂鸣器在不同频率下会发出不同的声音。例如400赫兹是发出"嘟"、500赫兹发出"嘀"、600赫兹发出"叮"。

门铃声音可以用600赫兹和400赫兹组合完成。程序如下：

# 板载传感器

人体可以凭借感觉器官感觉外界的信息。人的感觉可以归为五感：形、声、闻、味、触，也即人的五种感觉：视觉、听觉、嗅觉、味觉、触觉。

未来板也集成可以感知按动的 A 和 B 按钮、感知光线强度的光线传感器、感知温度情况的温度传感器、感知磁场强度的磁力计、感知加速度的加速度计、感知声音的麦克风。

| 器件 | 功能 |
|------|------|
| 加速度计 | 检测加速度，单位 $g$（m/s²） |
| 磁力计（指南针） | 检测 3 轴的磁场强度；制作指南针 |
| 光线传感器 | 检测光线强度 |
| 温度传感器 | 检测大致温度，返回摄氏度 |
| 按钮 | 2 颗可编程按钮 A 和 B |
| 麦克风 | 实现声音强度检测；可进行语音识别 |

| 程序模块 | 分类 | 说明 |
|---|---|---|
| A ▾ 被按下 | 未来板 | 检测按钮是否被按下<br>按下返回真，否则返回假 |

## 1. 按钮

按钮是一种常用的控制电气元件，常用来接通或断开"控制电路"（其中电流很小），从而达到控制电动机或其他电气设备运行目的的一种开关。

在未来板上部边沿有按压式 A、B 两个按钮。未来板中集成了可编程的 A 和 B 两个按钮，可以对按钮编程，完成有趣实验。

其实，看似简单的数字大按钮面临的问题并不简单。首要问题就是大按钮按下的时候数值是 1 还是 0。未来板按钮被定义为按下时数值为 0，所有程序基于此逻辑编写。

## 任务一　延迟夜灯

当 P 键被触摸时，LED 灯点亮，持续 5 秒后关灯。

像这种"如果条件成立就执行"的语句，是典型的条件结构。所需程序模块：

| 程序模块 | 分类 | 说明 |
|---|---|---|
| 如果 ⬡ 那么 | 控制 | 如果条件成立，就运行"执行"<br>后面的语句 |
| A ▾ 被按下 | 未来板 | 检测按钮是否被按下<br>按下返回真，否则返回假 |

程序思路 ........⊙

　　如果按钮被按下，执行"开灯 - 延迟 5 秒 - 关灯"的操作。

　　像这样包含"如果"或者"如果……否则"结构的程序，是典型的分支结构。

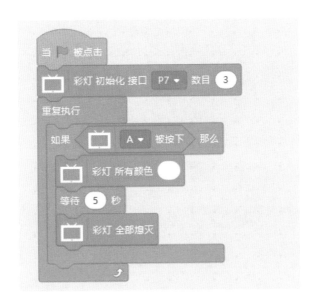

## 任务二　按钮控制灯

　　当按钮被按下时，LED 灯点亮，否则 LED 熄灭。

　　所需程序模块：

| 程序模块 | 分类 | 说明 |
|---|---|---|
| 如果 〈　〉 那么　　否则 | 逻辑 | 如果条件成立,就运行"那么"后的语句;否则运行"否则"后的语句 |

程序思路 ·········☺

如果按钮被按下，执行"开灯"，否则"关灯"的操作。

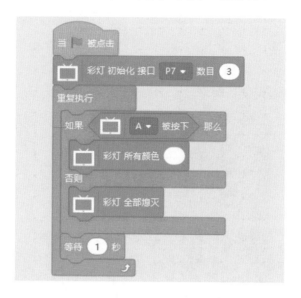

## 任务三　实现开关功能的按钮控制灯

建立变量 f 用于控制灯的开与关两种状态，初始化时灯为关闭状态，即 f 值为 0。

如果按钮被按下，对 f 进行取反，即当 f 值为 0 时，设置 f 的值为 1；当 f 的值为 1 时，设置 f 的值为 0。

根据 f 的值，进行开关灯控制。

| 程序模块 | 分类 | 说明 |
|---|---|---|
| 建立一个变量 | 变量 | 建立新的变量 |
| 将 f 设为 0 | 变量 | 设置变量 f 的值，创建变量 f 后出现本模块 |

续表

| 程序模块 | 分类 | 说明 |
|---|---|---|
| 将 f▾ 增加 1 | 变量 | 变量值增加 1，例如当 f 原值为 3 值，执行本程序后，值变为 4 |
| ✓ f | 变量 | 使用变量，创建变量 f 后出现本模块，勾选变量，则会在舞台区显示这个变量 |
| 等待 ⬡ | 控制 | 当条件符合时，程序处于等待状态 |
| 不成立 | 运算 | 判断当前条件是否处于不成立状态 |

程序如下：

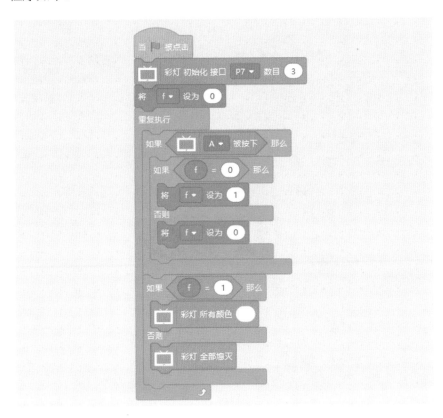

经过测试，发现这个程序的执行效果不理想。按钮 A 被按下时，有时候不能更改灯的状态，原因主要是按钮被按下时，这个程序被执行了多次。修改本程序增加变量 n，记录按钮被按下的次数并输出，可以明显地看出这个问题。

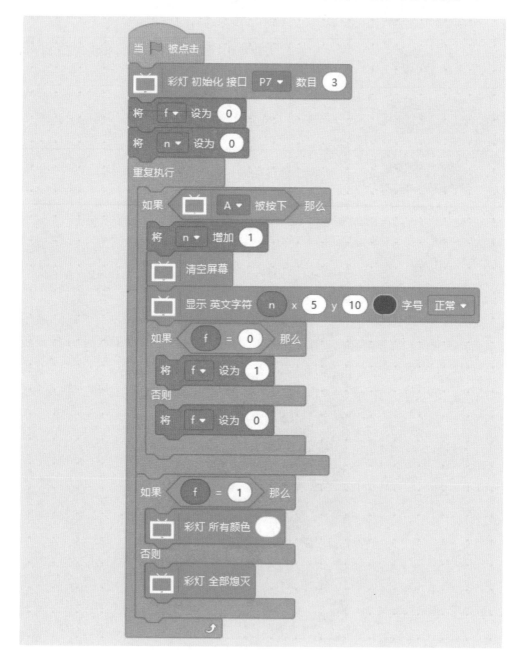

通过 n 的显示，大家可以观察按钮被按下一次，n 的值却被增加多次。如何避免这个问题呢？可以升级修改程序，当按钮被按下后，等待按钮按下条件不成立，即按钮抬起后再执行程序。

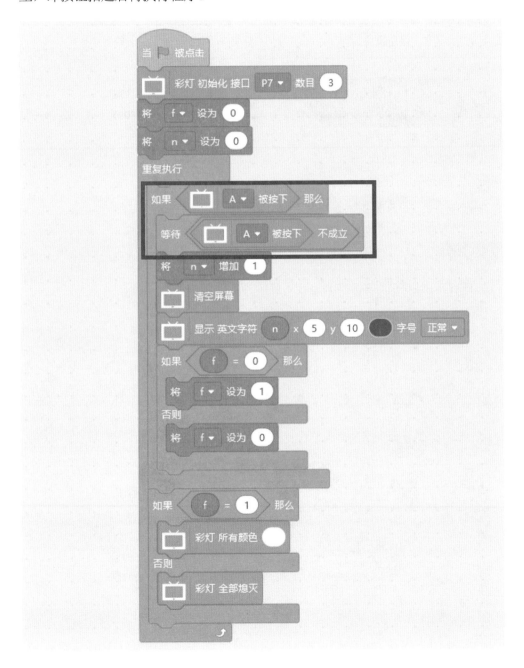

## 2. 光线传感器

日常环境中，光线强度是不断变化的：从刺眼的阳光普照到朦朦胧胧的星光，我们用眼睛来感受光线的强弱。

| 程序模块 | 分类 | 说明 |
|---|---|---|
| 光线强度 | 未来板 | 返回光线强度数值<br>范围：0 ～ 4095 |

## 任务一　光线强度检测仪

**说明** ⋯⋯⋯☺

在屏幕上以柱状图和数值的方式显示当前位置的光线强度。

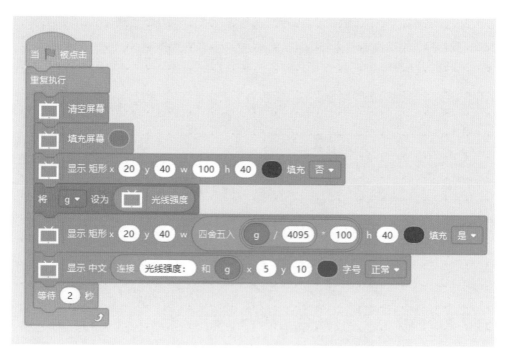

## 任务二　光感灯

### 说明 ·········☺

当光线很强时，关闭 RGB 灯；当光线很弱时，打开 RGB 灯。

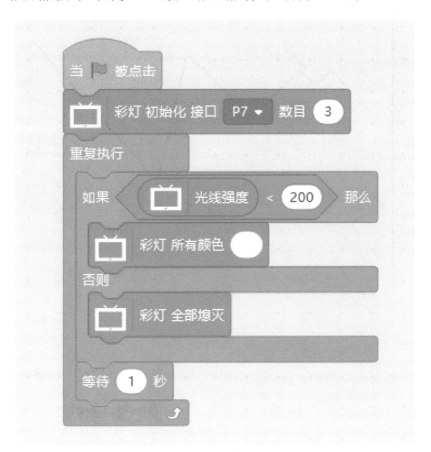

## 任务三　光照曲线

将光线值以折线的形式显示到未来板的屏幕上。

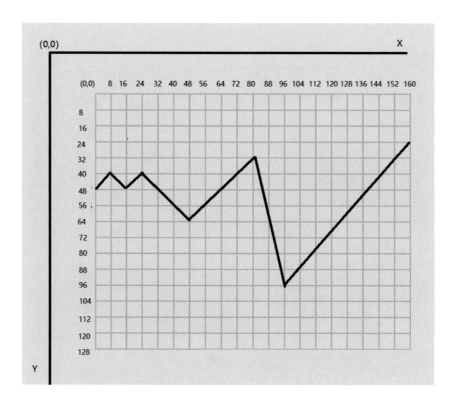

程序说明

　　使用列表 listx 存储折线的横坐标，从 0 开始，每隔 8 个点为单位，直到 160。

　　使用列表 listy 存储光线值强度在屏幕上映射的点的数据。需要注意的是光线值范围是 0～4095，屏幕 y 的坐标范围是 0～127，需要使用映射函数进行映射操作。

　　图标折线通过连接点 listx、listy 列表内所有数据点形成。折线的更新通过 listy 的数据改变完成。需要不断在首位置增加光线数据，删除 listy 中最后一个数据。

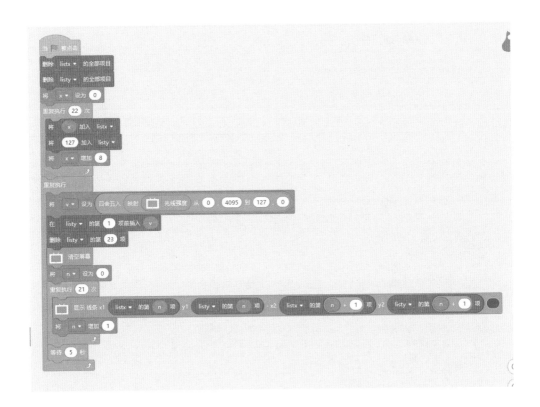

### 3. 温度传感器

| 程序模块 | 分类 | 说明 |
|---|---|---|
| 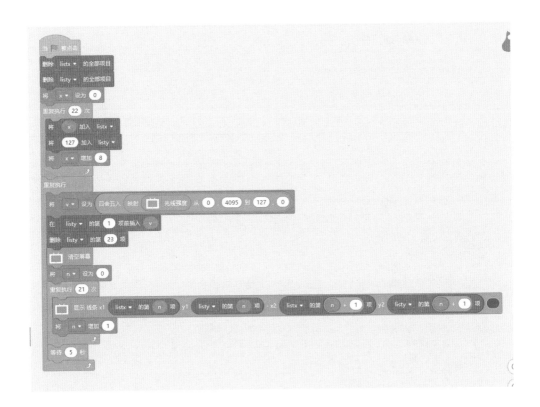 温度 | 未来板 | 返回板载温度，单位为摄氏度（温度可能偏高，请自行校准。当开启WiFi功能时，温度偏差较大） |

### 任务 　带提示的温度计

**说明**  --------☺

在未来板屏幕上显示当前温度，同时显示体感提示。

| 温度范围 | 显示提示 |
|---|---|
| 20 摄氏度以下 | 体感冷 |
| 20 ～ 30 摄氏度 | 体感舒适 |
| 30 摄氏度以上 | 体感热 |

程序实现 ---------- ☺

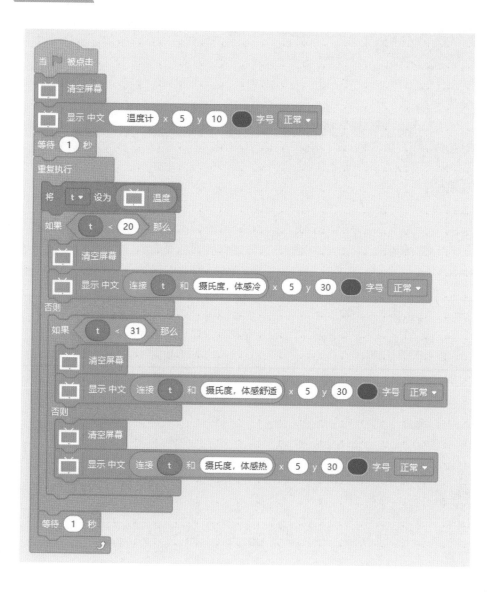

### 4. 麦克风

未来板板载一个 MEMS 麦克风，可以进行声音强度的检测，同时还能结合网络进行语音识别。

| 程序模块 | 分类 | 说明 |
|---|---|---|
| 获取声音强度 | 未来板 - 麦克风 | 返回板载麦克风读取的声音强度，数值范围是 0 ～ 4095 |

## 任务　　噪声检测仪

**说明**　……☺

每 0.1 秒采集一次声音数值，采集 10 秒，显示这 10 秒内最大数值。

这是一个求最值问题，初始时可以假定最大值 m 为 0，每次采集的声音值 s，与最大值 m 比较，若大于 m 的值，则更新最大值 m 为当前 s 的值。

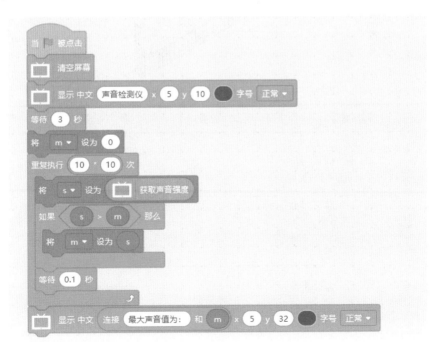

### 5. 加速度计

在现实生活中，我们经常拿手机记录自己每天运动的步数。大家想没想过手机是如何区分正常的走路，还是无意间的小幅度晃动呢？这个计步的过程，离不开三轴加速度传感器（加速度计）的精确测量。

加速度传感器能够测量由于重力引起的加速度，传感器在加速过程中，通过对质量块所受惯性力的测量，利用牛顿第二定律获得加速度值。未来板上的加速度计可测量加速度，测量范围为 $-2g \sim 2g$。

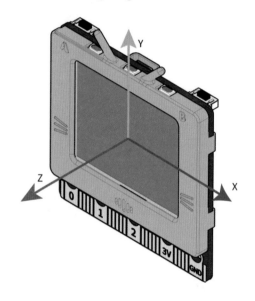

| 程序模块 | 分类 | 说明 |
|---|---|---|
| 加速度 X ▾ G | 未来板 | 返回板载加速度，范围：$-2g \sim 2g$ |
| 姿态 朝上 ▾ | 未来板 | 判断未来板所处姿态，姿态对应将返回真 |
| 姿态角 旋转 ▾ | 未来板 | 返回当前未来板所处的角度数值，分为旋转和横滚 |

# 任务　　小小水平仪

**说明** ········☺

　　未来板在屏幕上显示水平和竖直的中线线条，小彩球的位置随着未来板的倾斜在屏幕上滚动，当未来板处于水平位置时，小球处于屏幕中心位置。程序的难点是未来板的倾斜角度到小球中心位置坐标的映射。

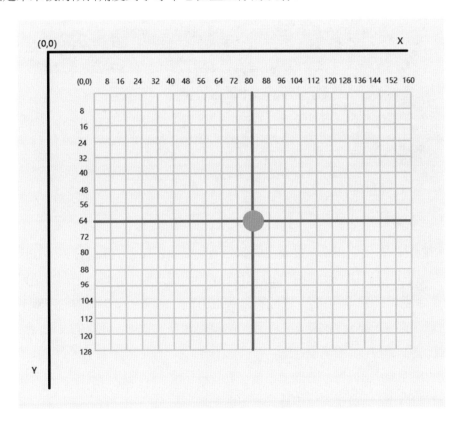

　　未来板的横滚姿势角度范围 –90°～90°，映射为屏幕 x 坐标 0～159。
　　未来板的俯仰姿势角度范围 –90°～90°，映射为屏幕 y 坐标 0～127。
　　另外需要注意的是，像素点的坐标必须为整数。

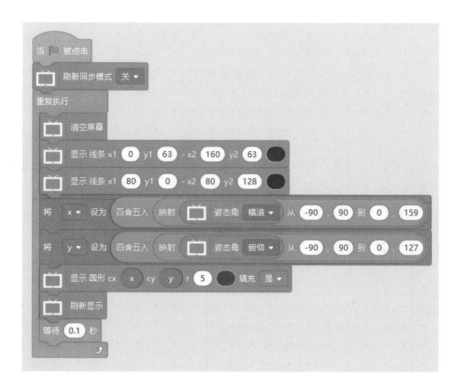

### 6. 磁力计

指南针，古代叫司南，主要组成部分是一根装在轴上的磁针，磁针在天然磁场的作用下可以自由转动并保持在磁子午线的切线方向上，磁针的南极指向地理南极（磁场北极），利用这一性能可以辨别方向。未来板 2.0 版本也内置了可以实现指示方向的磁场传感器，它不仅可以检测地球的磁场，让我们发现自己所处位置的方向，还可以测量磁通量。

使用磁场传感器指示方向前，需要先校准传感器。校准时让未来板远离强磁场，且最好保持裸板状态，不接其他拓展板。

| 程序模块 | 分类 | 说明 |
|---|---|---|
| 磁场校准 | 未来板 | 对磁场进行校准处理，建议校准后再使用指南针相关功能 |

续表

| 程序模块 | 分类 | 说明 |
|---|---|---|
| 磁力(μT) X ▼ | 未来板 | 返回对应轴的磁场强度，范围为 –800 ～ 800μT[100μT=1Gs( 高斯 )] |
| 指南针指向 | 未来板 | 返回与地理北极的差角，范围 0°～ 360° |

将校准程序上传到未来板，未来板屏幕会出现校准的提示画面，根据屏幕提示完成校准之后，未来板屏幕会出现"校准完成"的提示字样。

如何使用电子罗盘传感器，检测 0°的方向？

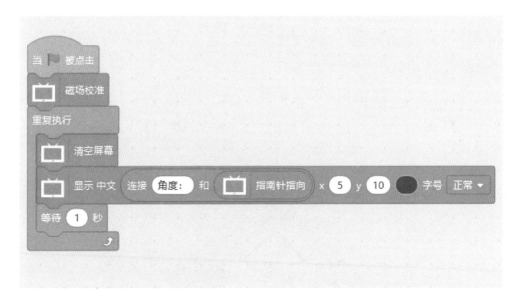

经试验，在未来板正面朝上的情况下（显示屏朝上），USB 接口的方向指向北，未来板的指南针功能实质上是指北针。当 USB 指向东时，角度为 90°；指向南时显示 180°；指向西时，显示 270°，即按顺时针方向未来板与地理北极之间的夹角越大，数据越大。

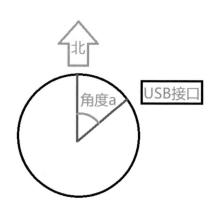

## 任务一　图形化电子罗盘

　　思路：在未来板上画一个圆，圆形位置为屏幕中心点，从圆心出发的线段OC随着指南针角度而变化。难点是厘清线段终点的位置C的坐标与角度的关系。可以使用图形的方式厘清它们的关系：

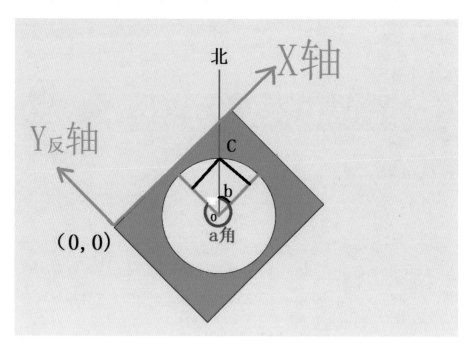

未来板的屏幕坐标与常用的坐标系 y 轴是反向的，为了计算方便，以未来板屏幕左上角为（0,0）点，设置 $Y_{反}$ 轴与 X 轴构建坐标系，其中 $Y_{反}=-Y$。O 点在 X 轴与 $Y_{反}$ 轴坐标系中的坐标为（80,-64）。"指南针指向"在图中用 a 角表示，点 C 的坐标与角 b 相关，角 b=90°-（360°-a），即 a+90°。

Cx=Rcos(b)+80

$Cy_{反}$=Rsin(b)-64，由此 Cy=64-Rsin(b)。

需要注意的问题是未来板的屏幕点坐标需要为整数，作图时需要将数据结果四舍五入取整。

绘制图形化电子罗盘，使用前需要进行磁场校准。除了永远指向地理北极的线段，还需要绘制半径为 50 的圆作为罗盘。

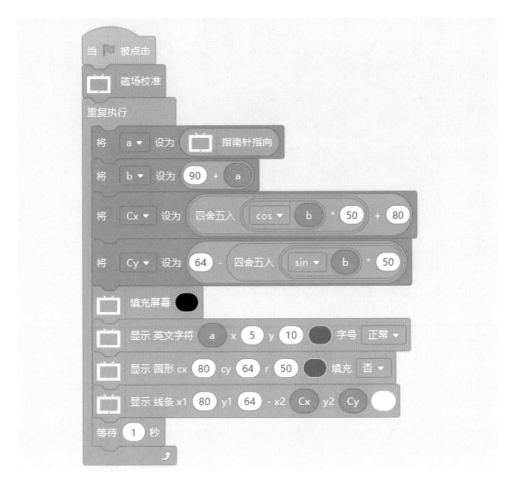

## 任务二　金属探测器

金属探测器：当磁力比较大的时候（大于 50），显示警告灯（闪烁红灯 10 次）；磁力比较小的时候，不做反应。

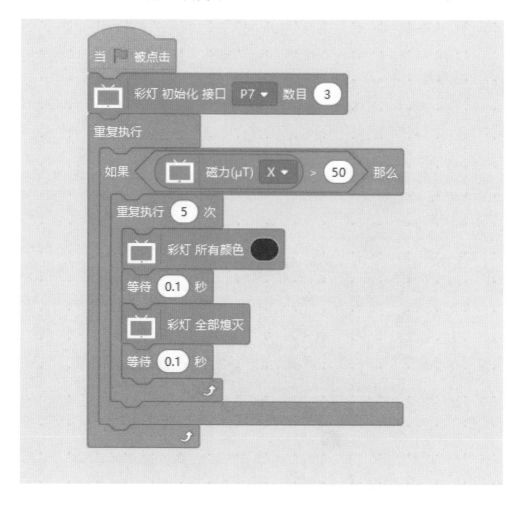

# 未来板的无线功能

未来板的广播通信，很像对讲机的通信形式，不需要借助路由器进行通信，联网很简单。

未来板可以实现双向无线通信，使用未来板的广播通信，诀窍与使用对讲机一致，即：

第一，需要组网的未来板应开启广播功能。

第二，需要组网的未来板应处于同一广播频道。

第三，同一时间只能有一个广播的发布者，但是可以有多个接收者。

| 程序模块 | 分类 | 说明 |
| --- | --- | --- |
| 初始化无线 | 未来板 - 无线 | 开启未来板无线通信功能 |
| 设置无线广播 频道为 12 | 未来板 - 无线 | 设置无线通信的频道，无线频道范围是 1 ～ 13 频道 |
| 无线广播 接收消息 | 未来板 - 无线 | 无线广播接收到消息 |
| 无线广播 发送消息 hello | 未来板 - 无线 | 无线广播发送消息，发送的消息只能是文本，不能是纯数字消息 |

## 任务一　无线开关灯

说明 ……………☺

两块未来板通过无线功能进行通信。

发射端：未来板 A 作为发射端，当按钮 A 被按下时，发送消息 open；当按钮 B 被按下时，发送消息 close。

发射端程序如下：

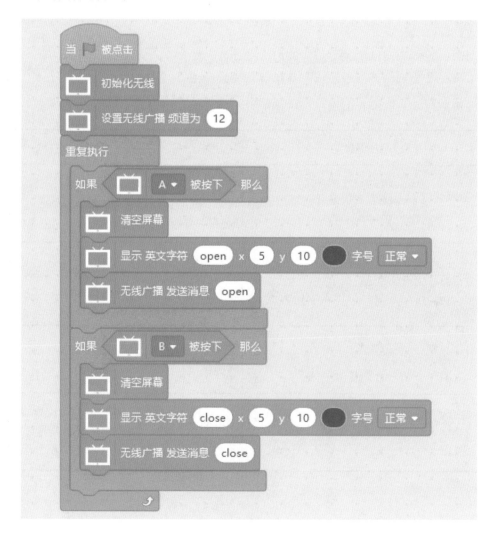

接收端：未来板 B 作为接收端，接收无线消息，并且根据消息内容进行不同的灯光控制。

接收端程序如下：

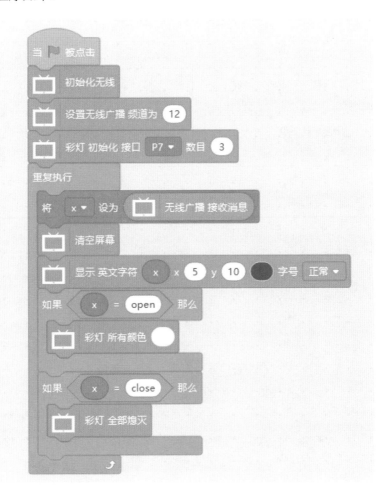

说明 ·········☺

两块未来板实现 m+n=10，即发射端随机显示 0～10 的随机数 m，接收端显示的数 n，使 m+n 的结果为 10。

　　需要注意的问题是未来板的无线通信要求通信的信息只能是文本信息，通信过程中需要将数字信息强制转换为文本信息，另外，接收端有可能会存在接收到空消息的情况，需要过滤空消息 "None"，再进行运算操作。

| 程序模块 | 分类 | 说明 |
|---|---|---|
| 在 1 和 10 之间取随机数 | 运算 | 生成 1 ～ 10 范围内的随机整数 |
| 数字 ▼ | 运算 | 强制转换为数字类型，可以调节参数实现强制转化为文本类型 |
| | 运算 | 判断逻辑真假，无线接收时无消息，则值为假 |

　　发射端程序如下：

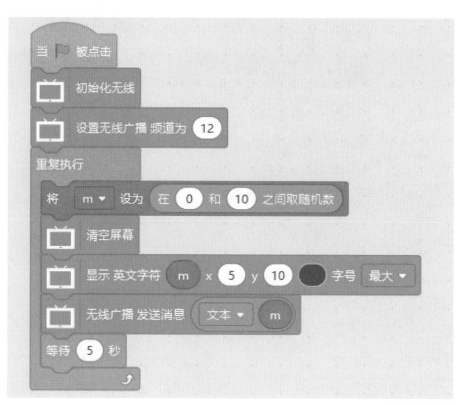

接收端程序如下：

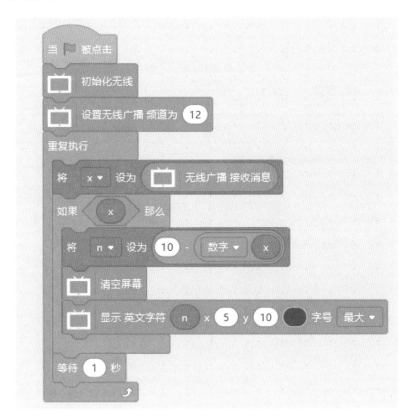

# 未来板的 WiFi 通信

几乎所有智能手机、平板电脑和笔记本电脑都支持 WiFi 上网，它是当今使用最广的一种无线网络传输技术，实际上就是把有线网络信号转换成无线信号，使用无线路由器供支持其技术的相关电脑、手机、平板等接收。手机如果有 WiFi 功能，在有 WiFi 无线信号的时候就可以不通过移动、联通等运营商的网络上网，省掉了流量费。

未来板集成了 WiFi 功能，通过这个功能，未来板融入到互联网大环境中，实现互联网信息获取、物联网等功能。

注意，未来板只支持 2.4G 以下版本的 WiFi 热点，为了保证未来板的网络能够连接成功，应调节路由器到 2.4G 信号。

| 程序模块 | 分类 | 说明 |
| --- | --- | --- |
| 连接WIFI name 密码 pwd | 未来板 -WiFi | 连接本地的 WiFi |
| 成功连接WIFI | 未来板 -WiFi | 判断未来板连接 WiFi 是否成功 |
| 获取WIFI配置信息 IP ▼ | 未来板 -WiFi | 获取未来板的 IP 信息 |

## 任务一　未来板 WiFi 联网的实现

说明 ·········· ☺

未来板连接 WiFi，连接成功则输出未来板 IP。

## 任务二　网络授时时钟的制作

初始化时，需要连接 WiFi 网络，获取北京时间的授时时间，在屏幕上完成时钟的初始化。

以 1 秒为周期永远重复执行的内容：清空屏幕后，完成时钟的读取和绘制工作。

| 程序模块 | 分类 | 说明 |
| --- | --- | --- |
| NTP 服务器设置 ntp.aliyun.com | 未来板 -WiFi | 设置网络授时服务器 |
| 同步网络时间 GMT+8 ▼ | 未来板 -WiFi | 同步东八区北京时区时间 |
| 获取时间 年 ▼ | 未来板 -WiFi | 获取时间的年份 |

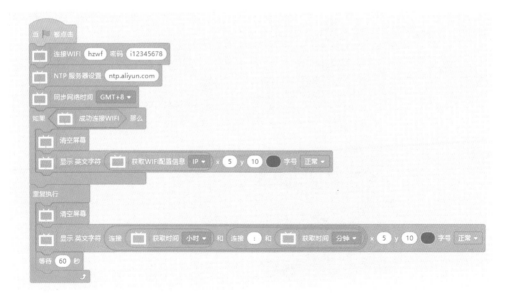

## 任务三　语音识别控制 RGB 灯

说明 ----------☺

未来板的麦克风，在联网的情况下可以实现语音识别，注意识别的内容会以"。"作为结尾，所以判断时需要使用字符串包含的判定方式。

当识别的文字包含"开灯"时，打开 RGB 灯。

当识别的文字包含"关灯"时，关闭 RGB 灯。

| 程序模块 | 分类 | 说明 |
|---|---|---|
| 语音识别 语言 普通话 ▾ 超时 1 秒 | 未来板 - 麦克风 | 检测麦克风输入内容，转为文本 |
| 苹果 包含 果 ？ | 运算 | 判断字符串是否包含某个字符串功能 |

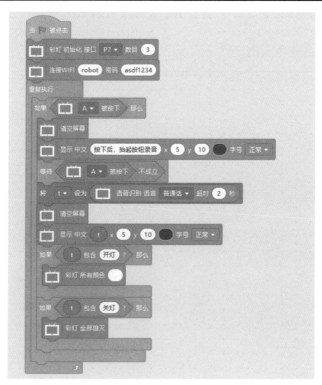

## 任务四 天气预报的获取

未来板通过高德开发者平台，可以实现天气预报的功能。

步骤 1，登录高德开发者平台，申请个人账号。高德开发者平台需要实名制认证，可以通过支付宝认证的方式快速完成个人认证。登录之后，进入控制台界面进行应用的配置工作。

步骤 2，在控制台界面，点击"我的应用"链接进入我的应用界面，在我的应用界面点击"创建新应用"链接，进行应用的创建。应用名称和类型可以根据自己需求填写。本例中创建的应用名称为"未来板"，类型为"其他"。创建完成之后，我的应用界面会出现创建好的应用。

步骤 3，点击"未来板"应用程序的"添加"链接，为本应用添加 Key。注意 Key 的类型需要选择"Web 服务"。

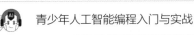

步骤 4，添加完成之后，会显示具体的 Key 值，应牢记。

天气预报程序的实现：

　　未来板的天气预报程序需要在连接 WiFi 的情况下，设置自己的个人 Key，同步具体城市的天气信息之后，才能进行天气预报信息的显示。天气预报程序，在程序分类上属于 K-Watch，但硬件上不使用 K-Watch 也可以使用高德天气程序。

| 程序模块 | 分类 | 说明 |
|---|---|---|
| 设置高德天气 Key key | K-Watch- 高德天气 | 设置高德天气的 Key |
| 读取实况天气 城市 深圳 当前天气 | K-Watch- 高德天气 | 同步城市的天气预报情况 |
| 实况天气 天气状况 ▼ | K-Watch- 高德天气 | 获取实况天气，需要同步城市天气之后才能获取到实况信息 |

# 未来板的物联网功能

物联网（internet of things，IoT）是通过互联网、传统电信网等信息承载体，让所有能行使独立功能的普通物体实现互联互通的网络。通过物联网，可以用中心计算机对机器、设备、人员进行集中管理、控制，也可以对家庭设备、汽车进行遥控，以及搜索位置、防止物品被盗等，类似自动化操控系统，同时通过收集相关数据，最后可以聚集成大数据，帮助完成重新设计道路以减少车祸、都市更新、灾害预测与犯罪防治、流行病控制等任务，实现物和物相联。

未来板支持 MQTT 和 OneNet 两种物联网方式。

MQTT（message queuing telemetry transport）即消息队列遥测传输，是 ISO 标准（ISO/IEC PRF 20922）下基于发布 / 订阅范式的消息协议。它工作在 TCP/IP 协议族上，是为硬件性能低下的远程设备以及网络状况糟糕的情况设计的发

布 / 订阅型消息协议，为此，它需要一个消息中间件。

MQTT 是一个基于客户端 - 服务器的消息发布 / 订阅传输协议。MQTT 协议是轻量、简单、开放和易于实现的，这些特点使它适用范围非常广泛。MQTT 协议在卫星链路通信传感器、偶尔拨号的医疗设备、智能家居及一些小型化设备中已广泛使用。

OneNET 是由中国移动打造的 PaaS 物联网开放平台。平台能够帮助开发者轻松实现设备接入与设备连接，快速完成产品开发部署，为智能硬件、智能家居产品提供完善的物联网解决方案。

本例中只对 MQTT 协议进行说明，OneNET 平台涉及操作难度、后期费用问题，不再详细说明。

### 1. 互联网 MQTT

未来板只能连接小喵科技公司互联网 IoT 平台和本地 IoT 平台。

| 程序模块 | 分类 | 说明 |
| --- | --- | --- |
| 连接MQTT 服务器 iot.kittenbot.cn id id | 未来板 -WiFi | 使用 id 登录 MQTT 服务器 |
| 连接MQTT 服务器 iot.kittenbot.cn id id 用户名 name 密码 password | 未来板 -WiFi | 使用 id 登录 MQTT 服务器，并验证用户名和密码 |
| 订阅MQTT话题 /topic | 未来板 -WiFi | 订阅 MQTT 话题 |
| 向MQTT话题 /topic 发布 消息 message | 未来板 -WiFi | 向 MQTT 服务器发送消息 |
| 请求MQTT消息 | 未来板 -WiFi | 请求接收 MQTT 服务器消息 |
| MQTT话题消息 /topic | 未来板 -WiFi | 提取接收消息内容 |

使用互联网 IoT 平台，需要预先进行 KZone 账号注册，KZone 支持微信快捷登录。

登录 KZone 之后，可以通过 IoT 栏目建立自己的话题。用户 id 和话题名称是各个设备沟通的标识。为了保持话题的私密性，还可以将话题设置为私有话题，通过用户名和密码控制连接话题的设备。

本例中话题名称为"/xiaochuangke"，用户名为"xiaochuangke"，密码为"xchk"，话题类型为文本。

可以点击 KZone 页面，右上角登录用户名链接查询 KZone 的 id。

发送话题程序:

接收话题程序：

当 🚩 被点击
彩灯 初始化 接口 P7▼ 数目 3
连接WIFI hzwf 密码 i12345678
连接MQTT 服务器 iot.kittenbot.cn id 68843231 用户名 xiaochuangke 密码 xchk
订阅MQTT话题 /xiaochuangke
重复执行
　　请求MQTT消息
　　等待 1 秒
　　将 m▼ 设为 MQTT话题消息 /xiaochuangke
　　如果 m = open 那么
　　　　彩灯 所有颜色 ◯
　　如果 m = close 那么
　　　　彩灯 全部熄灭

注意，接收端的 MQTT 信息的 id、用户名、密码和话题名称必须与接收端一致。

## 2.微信小程序

微信小程序"Microbit 控制器"，是小喵科技有限公司开发的可以实现 micro：bit 蓝牙控制、IoT 设备控制等功能的微信小程序。这个小程序也可以实现未来板的 IoT 控制。

微信小程序默认连接的是小喵公司的 IoT 平台，所需的用户名、密码、话题名称都需要预先在小喵公司 IoT 平台上配置完成。

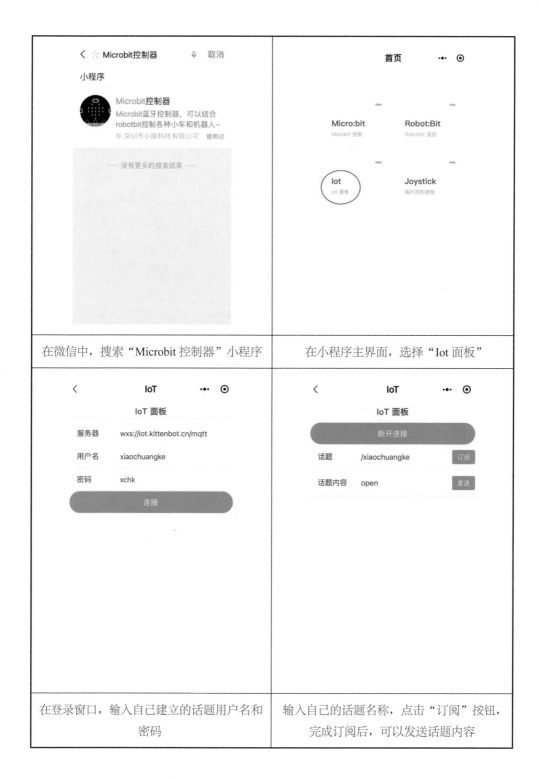

| | |
|---|---|
| 在微信中，搜索"Microbit 控制器"小程序 | 在小程序主界面，选择"Iot 面板" |
| 在登录窗口，输入自己建立的话题用户名和密码 | 输入自己的话题名称，点击"订阅"按钮，完成订阅后，可以发送话题内容 |

### 3. 局域网 MQTT

互联网的 IoT 平台需要预先注册用户账号才能使用，此外配置互联网 IoT 服务还容易受到网络限制，特别是当不能连接互联网时就无法完成 MQTT 课程的学习。为了解决这个短板，Kittenblock 软件集成了局域网的 IoT 服务器。

需要说明的是：作为服务器的运行 Kittenblock 软件的计算机需要与未来板处于同一局域网内。

如何启用局域网的 IoT 服务器呢？

第一步，点击 Kittenblock 主界面右上角的"IoT"按钮。

第二步，点击"IoT 本地服务器"窗体中，开启按钮切换至"On"状态，出现正在运行的服务器地址。这个地址需要记住，编程连接时需要输入此服务器 IP。当有设备正确连接服务器后，设备列表会出现设备信息。

第三步，编程实现设备连接本地服务器。编程中需要使用纯 id 方式连接 IoT 服务器。

| 程序模块 | 分类 | 说明 |
|---|---|---|
| 连接MQTT 服务器 iot.kittenbot.cn id id | 未来板 -WiFi | 采用 id 的方式连接 IoT 服务器，局域网内访问 IoT 服务器时，id 自己编写以示区别即可 |
| 数字 | 运算 | 将信息内容强制转换为数字类型的信息，可以调节参数实现将信息强制转换为文本类型 |

## 任务 本地光线强度采集与获取

**说明**

采集本地的光线强度，并发送到局域网 IoT 服务器。需要注意的是，发送的消息必须是文本类型，而光线强度信息是数值型信息，需要强制转换为文本类型。

接收局域网服务器的信息，并在屏幕上显示出来。

Kittenblock 的局域网 IoT 服务器只能进行话题的存储转发，不能显示具体收到的话题内容。

### 4. Blynk 控制

Blynk 是一个带有 iOS 和 Android 应用程序的平台，可以通过互联网控制 Arduino、ESP8266、Raspberry Pi 等。通过简单地拖放小部件，可以轻松地为所有项目构建图形界面，通过 Blynk APP 可以快速构建未来板的 APP 程序，方便地与未来板进行信息交互。

下面，我们用 Blynk 开发一个可以用 APP 按钮控制未来板 RGB 灯开关和接收未来板光线强度信息的 APP 吧。

以安卓版本的 Blynk 为例，开发一个未来板 APP 需要以下步骤：

|  |  |  |
|---|---|---|
| Blynk APP 登录界面，第一次使用时需要点击"Create New Account"，新建账号 | 在新建账号界面，先点击配置服务器按钮，设置服务器地址为"blynk.mixly.org"。注意，"用户"栏需要填写邮箱地址，可以去对应的邮箱接收作者密钥 | 成功登录之后，会出现新建工程界面。点击加号，完成工程的新建操作 |

| 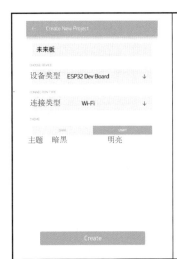 |  | 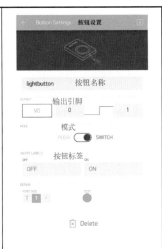 |
|---|---|---|
| 建立工程时，设备类型需要选择"ESP32 Dev Board"选项，连接类型选择"Wi-Fi"，工程名可以自己按照喜好填写。点击"Create"按钮，完成工程建立操作 | 工程主界面，包含齿轮形状的设置按钮、加号形状的添加按钮和三角形的开始按钮 | 点击加号后，选择 Button 类型的按钮控件，用于未来板的灯光控制。按钮名称可以自定义，输出引脚选择 V0 虚拟引脚，按钮类型选择为"SWITCH"开关类型 |
|  |  |  |
| 继续添加"Value Display"控件，用于接收未来板光线强度。输入引脚选择为 V1 虚拟引脚，读取频率设置为 2 sec，即 2 秒 | 在工程主界面，点击三角形的运行按钮，Blynk 开始工作。可以在消息窗口查看未来板是否上线等信息。点击正方形的停止按钮，可以停止运行程序 | 关于获取作者密钥，也可以在 Blynk 工程主界面，点击"配置"按钮，在工程设置窗体中，采用"Copy all"的方式，复制作者密钥 |

未来板程序需要填写 APP 端对应的作者密钥。未来板的 RGB 灯对应 Blynk APP 中虚拟引脚 V0，未来板的温度信息对应 Blynk 虚拟引脚 V1。

| 程序模块 | 分类 | 说明 |
|---|---|---|
| Blynk 设置 服务器 116.62.49.166 端口 8080 授权码 auth token | Blynk | 配置 Blynk 服务器与作者密钥 |
| 运行 Blynk 进程 | Blynk | 运行 Blynk 进程 |
| 运行 Blynk 定时器进程 | Blynk | 运行 Blynk 定时器进程，用户按照一定频率进行数据操作工作 |
| 当从 Blynk App 收到虚拟引脚 V0 ▾ 的值 | Blynk | 从 Blynk 虚拟引脚获得数据事件 |
| 接收数据 | Blynk | 从虚拟引脚获取数据 |
| Blynk 定时器 1 触发一次 ▾ 周期 2 秒 | Blynk | Blynk 定时器事件 |
| 发送数据 0 到 Blynk App 的虚拟引脚 V0 ▾ | Blynk | 发送数据到 Blynk 虚拟引脚 |

程序实现 ·······☺

程序的主程序中，需要设置 Blynk 服务器地址为"blynk.mixly.org"，且填写 Blynk APP 对应的作者密钥。主程序中，填写运行 Blynk 进程和运行 Blynk 定时器进程代码。虚拟引脚接收事件中，接收 Blynk APP 虚拟引脚 V0 发送的消息，并根据消息内容开启或关闭 RGB 灯。Blynk 定时器事件中，定时将光线强度信息发送到 Blynk APP。

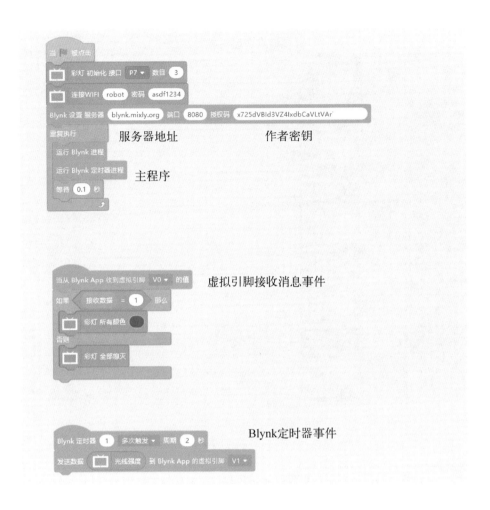

# 未来板的拓展

未来板可以通过扩展引脚连接执行机构和传感器，实现更为强大的功能。

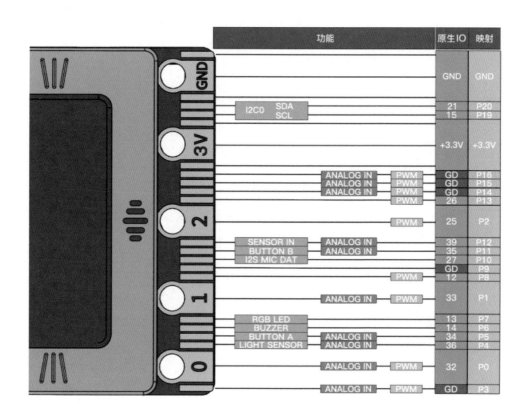

未来板板载设备占用了以下引脚，一般情况扩展时不要使用这些引脚。

| 板载设备 | 引脚 |
| --- | --- |
| RGB 灯 | P7 |
| 按钮 | 按钮 A——P5/ 按钮 B——P11 |
| 麦克风 | P10 |
| 光线传感器 | P4 |
| SD 卡片选脚 | P8 |

### 1. K-Watch 扩展板

K-Watch（未来板手表扩展板）和 Robotbit（机器人扩展板），是配合未来板使用的两个特色扩展板。K-Watch 可以把未来板变为手表，不仅能实现离线的时钟功能，而且还搭载小喇叭，用于实现声音的播放。

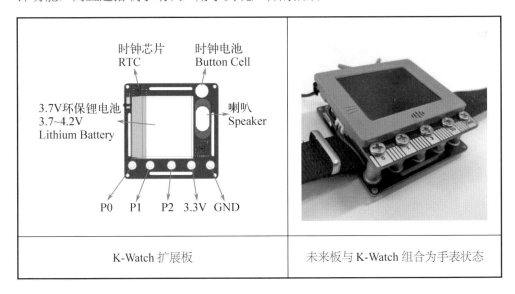

| K-Watch 扩展板 | 未来板与 K-Watch 组合为手表状态 |
| :---: | :---: |

## 任务一　离线版时钟程序

说明 ┄┄┄┄⊙

通过 K-Watch 内置的时钟芯片，完成授时功能，使用时钟前需要校对时钟。

| 程序模块 | 分类 | 说明 |
| :---: | :---: | :---: |
| 设置当前时间 2021 年 1 月 1 日 星期五 ▼ 时 1 分 1 秒 1 | K-Watch | 实现时钟的校时功能 |
| 获取当前时间 所有 ▼ | K-Watch | 获取时钟芯片的时间，可以更改参数，实现时、分、秒等信息的获取 |

时钟校对程序如下，将本地时间烧录到 K-Watch 中。

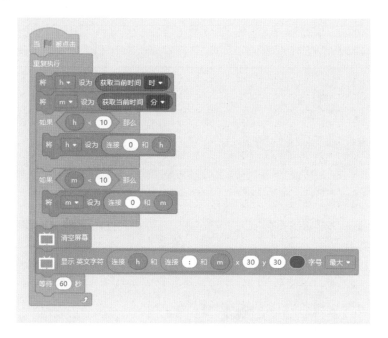

时间显示程序如下，每一分钟刷新一次 K-Watch 的时间。为了显示 09:09 的标准时钟，需用变量 h 和 m 存储获取的时和分。当时、分的数值小于 10 时，需要补零处理。

## 任务二 语音对讲功能

说明 ········😊

未来板 +K-Watch 可以实现双向语音对讲功能，达到语音对讲机的效果。

　　两台未来板 +K-Watch 的组合体，烧录相同的程序。程序开始时，设置语音对讲。使用无限循环检测按钮 A 是否被按下和是否接收到语音消息。当按钮被按下时，屏幕显示"按钮松开，开始录音"。当松开按钮后，录音并发送语音消息。

| 程序模块 | 分类 | 说明 |
| --- | --- | --- |
| 设置对讲频道 1 | K-Watch | 设置语音对讲频道 |
| 无线发送声音 3 秒 | K-Watch | 通过无线录制并发送 3 秒声音 |
| 播放 接收声音 | K-Watch | 播放无线收到的语音消息 |

　　程序如下：

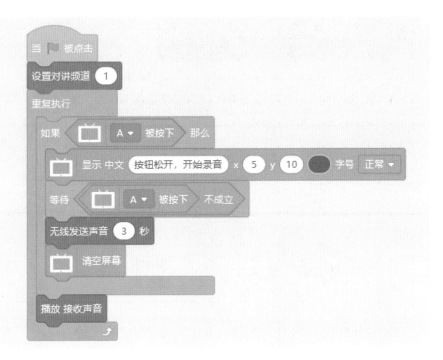

## 2. Robotbit 扩展板

Robotbit 扩展板自身带有电机舵机驱动芯片，不仅引出了未来板 P0～P2、P8、P12～P15 八个拓展引脚，而且还具有八路舵机、I²C、四路直流减速电机、5V 电流输出等特色拓展功能，可以将未来板变身为机器人。

Robotbit 分为排针版和教育版（EDU），其中教育版传感器引脚采用防反插插口，具有独立的串口引脚。本案例中采用的是 Robotbit 教育版，排针版也可以根据图例连接传感器，不存在兼容问题。

<table>
<tr>
<td rowspan="2"></td>
<td>注意事项：<br>① 使用 Robotbit 扩展板，需要使未来板面朝扩展板的 RGB 灯的方向。<br>② 使用 Robotbit 扩展板，需要将扩展板配套的 18650 电池充满电。<br>③ 使用 Robotbit 扩展板，需要将扩展板的电源开关处于开启状态</td>
</tr>
<tr>
<td>未来板与 Robotbit 的连接组合</td>
</tr>
</table>

使用 Robotbit 扩展板前，需要在程序中初始化 Robotbit 扩展板。

| 程序模块 | 分类 | 说明 |
|:---:|:---:|:---:|
| 初始化 扩展板 | Robotbit | 初始化 Robotbit 扩展板，初始化之后再使用本扩展板 |

Robotbit 教育版（EDU）扩展板端口分布图：

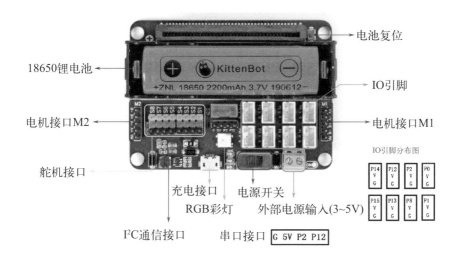

電池复位

18650锂电池

IO引脚

电机接口M2

电机接口M1

舵机接口

IO引脚分布图

充电接口　　电源开关

RGB彩灯　　外部电源输入(3~5V)

I²C通信接口　　串口接口 G 5V P2 P12

Robotbit 排针版扩展板端口分布图：

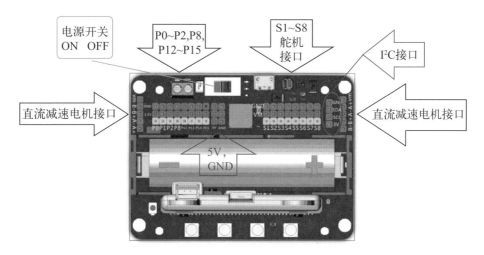

Robotbit 扩展板中单独设置四路减速电机专用引脚，使用减速电机前需要在程序中初始化 Robotbit 扩展板。

| 程序模块 | 分类 | 说明 |
|---|---|---|
| 电机 M1A ▼ 速度 100 | Robotbit | 驱动 M1A 电机，使其速度为100，速度值范围是 –255 ～ 255，数值越大电机转动越快，负值代表反向转动 |
| 停止所有电机 | Robotbit | 停止所有减速电机的转动 |

说明 ········☺

两块未来板完成遥控四轮小车程序，两块未来板通过无线方式进行通信。

未来板 A 作为遥控器，通过倾斜角度完成车的前后左右指令。

未来板 B 作为四轮驱动小车，接收遥控器的控制，驱动四个减速电机完成车的行进。

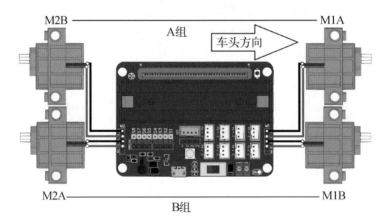

按照图中的方式制作四轮驱动小车，需要将 M1A 和 M2B、M2A 和 M1B 分别为一组，每组电机转动方向一致才能实现四轮驱动车的前进、后退等动作，并且注意当小车需要前进或者后退时，需要保持两组电机运行方向相反，原因是两组电机的安装方向是相反的。

程序实现 ········☺

　　遥控器端，通过未来板前后左右四个方向的倾斜角度来控制不同指令。

| 倾角方向 | 发送指令 | 含义 |
|---|---|---|
| 俯仰角度<br>小于 –45° | q | 前进 |
| 俯仰角度<br>大于 45° | h | 后退 |
| 横滚角度<br>小于 –45° | z | 左转 |
| 横滚角度<br>大于 45° | y | 右转 |
| 处于近似<br>水平状态 | t | 停止 |

```
当 🏳 被点击
初始化无线
设置无线广播 频道为 (12)
重复执行
    将 f ▾ 设为 (0)
    将 x ▾ 设为 姿态角 俯仰 ▾
    将 y ▾ 设为 姿态角 横滚 ▾
    如果 < x > 45 > 那么
        将 m ▾ 设为 (h)
        将 f ▾ 设为 (1)
    如果 < x < -45 > 那么
        将 m ▾ 设为 (q)
        将 f ▾ 设为 (1)
    如果 < y > 45 > 那么
        将 m ▾ 设为 (y)
        将 f ▾ 设为 (1)
    如果 < y < -45 > 那么
        将 m ▾ 设为 (z)
        将 f ▾ 设为 (1)
    如果 < f = 0 > 那么
        将 m ▾ 设为 (t)
    清空屏幕
    显示 英文字符 (m) x (5) y (10) ● 字号 正常 ▾
    无线广播 发送消息 (m)
    等待 (0.5) 秒
```

受控小车端：接收遥控器指令，电机执行相应的动作。为了使代码简洁，自制积木 drive 用于执行电机驱动指令。

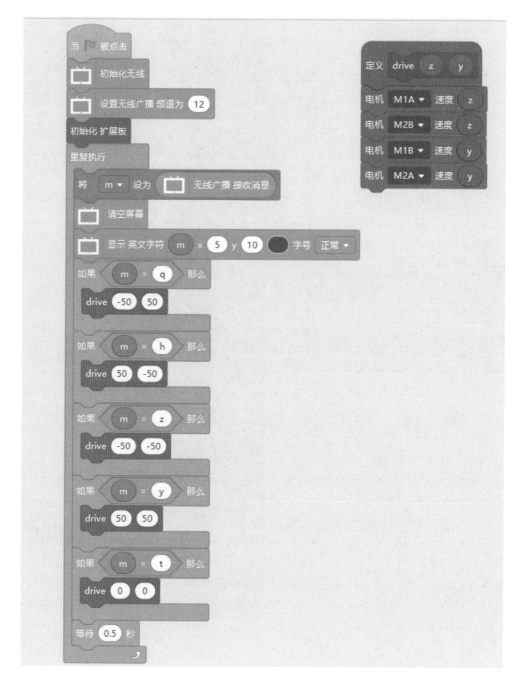

## 舵机的扩展

喜欢玩遥控汽车的朋友会发现，现在市面的汽车玩具经常用后轮提供前进动力，前轮用于转向。另外，航模中也会用到船舵进行转向。未来板如何实现这一功能呢？为了实现这一功能，我们需要使用舵机这一电子元件。

Robotbit 扩展板中单独设置 s1～s8 的舵机专用引脚，使用舵机引脚前需要在程序中初始化 Robotbit 扩展板。

| 名称 | 图片 | 说明 |
| --- | --- | --- |
| 9g 舵机 | | 工作电压：4.8V<br>转矩：0.157N·m（4.8V）<br>旋转角度：0 ～ 180°<br>外形尺寸：23mm×12.2mm×29mm<br>质量：9g |
| Geek 9g 舵机 | | 兼容乐高积木的 9g 舵机<br>额定电压：4.8V<br>最大扭矩：0.049N·m<br>尺寸：40mm×16mm×23mm<br>质量：12.8g |

## 任务　门锁程序

**说明**

当 A 按钮被按下时，舵机打开到 90°，延迟 1 秒后，舵机归 0。实现这种类似转向的动作，我们需要使用 180° 舵机。

所需程序模块：

| 程序模块 | 分类 | 说明 |
|---|---|---|
| Geek 9g舵机 接口 S1 ▼ 角度 90 | Robotbit | 设置连接在 s1 引脚的 Geek 9g 舵机角度为 90° |
| 蓝色9g舵机 接口 S1 ▼ 角度 90 | Robotbit | 设置连接在 s1 引脚的蓝色 9g 舵机角度为 90° |

电路连接：

| 引脚 | 器件 |
|---|---|
| s1 | Geek 9g 180° 舵机 |

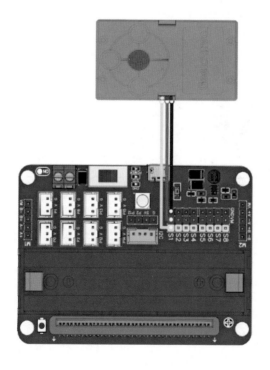

程序实现 ......... ☺

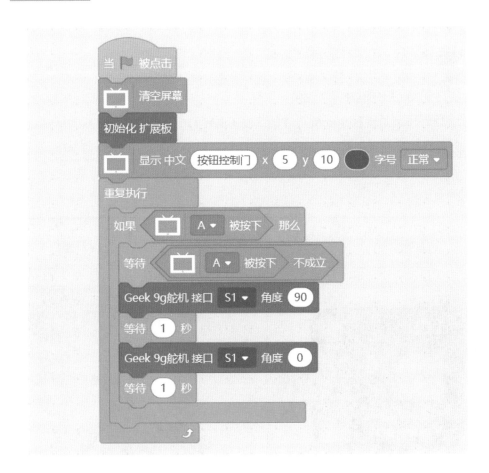

## 数字输出的拓展—— LED 灯

现实生活中，很多电子元件有开关两种工作状态，比如电灯的开关、继电器的开合状态。未来板的数字输出可以实现这些器件的工作与停止。

| 程序模块 | 分类 | 说明 |
|---|---|---|
| 引脚 P0 ▼ 写数字值 1 | 未来板 - 引脚 | 设置引脚 P0 的状态为 1 |

## 任务　一闪一闪亮晶晶

### 说明 ········· ☺

实现外接 LED 灯的闪烁效果。

LED 灯特别是直径 10mm 尺寸的高亮 LED 灯，是制作很多作品的重要器材。本任务的目标是通过引脚驱动外接的 LED 灯，LED 灯的连接引脚为 P0。

### 器材 ········· ☺

| 模块化 LED 灯 | 高亮 LED |
| --- | --- |
| LED 发光模块（红、黄、绿等颜色） | 可以承受 5V 直径 10mm 的高亮 LED 灯 |
| 3 芯 PH2.0 插头进行连接 | 只连接信号和 GND 引脚，LED 的负极金属片比正极长 |
| 优势：多种颜色的 LED 模块 | 优势：光亮很强，外形比较圆润，适合作为作品的"眼睛" |

电路连接图 ·········· ☺

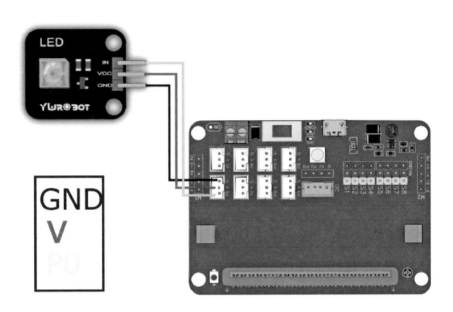

程序实现 ·········· ☺

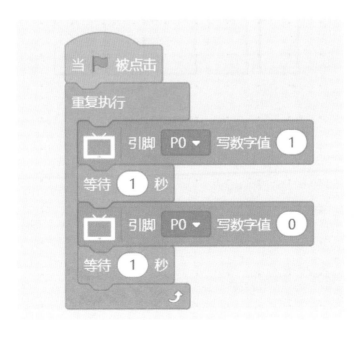

## PWM 输出的拓展——灯的模拟性

现实生活中，还有些能够调光的灯。这种灯为了保护眼睛，在开启的过程中，会出现灯光从暗逐渐到亮的过程。在灯工作时，我们还可以通过旋钮灯的调节按钮，实现不同的灯光亮度。未来板只能进行数字信号的输出，但是可以通过PWM 功能完成模拟输出操作。

PWM，也就是脉冲宽度调制，用于将一段信号编码为脉冲信号（方波信号），是在数字电路中达到模拟输出效果的一种手段，即使用数字控制产生占空比不同的方波（一个不停在开与关之间切换的信号）来控制模拟输出。我们要在数字电路中输出模拟信号，就可以使用 PWM 技术实现。在单片机中，我们常用PWM 来驱动 LED 的暗亮程度、电机的转速等。

PWM 对模拟信号电平进行数字编码，也就是通过调节占空比的变化来调节信号、能量等的变化。占空比就是指在一个周期内，信号处于高电平的时间占据整个信号周期的百分比。

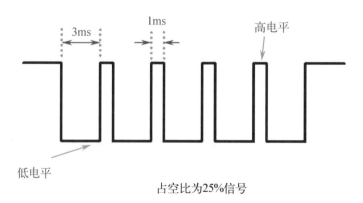

占空比为25%信号

在高电平为 3.3V 时，占空比 25% 的脉冲信号，模拟的电压值为 $0V \times 75\% + 3.3V \times 0.25 = 0.825V$，即实现高电平的 1/4 电压的信号。

| 程序模块 | 分类 | 说明 |
| --- | --- | --- |
| 引脚 P0 ▾ 写模拟值 1023 | 未来板 - 引脚 | 实现引脚的 PWM 模拟值输出，输出范围是 0 ～ 1023 |

## 任务　　会呼吸的 LED 灯

**说明** ----------☺

实现外接 LED 由暗逐渐点亮的过程，即 PWM 的值由 0 逐步变为 1023。每 10 毫秒 PWM 值增加 1。由亮变暗过程，即 PWM 每次减少 1。

**器材** ----------☺

使用 LED 灯与前文相同，引脚连接相同。

**程序实现** ----------☺

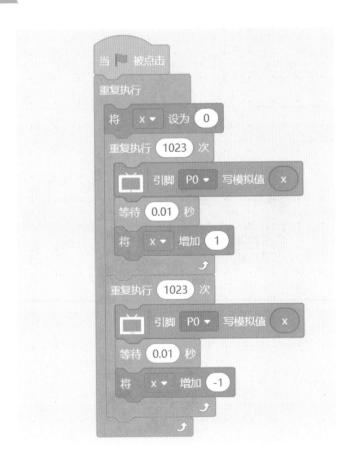

## 模拟传感器的拓展——模拟角度传感器

旋转开关在现实生活中经常会被用到，例如万用表用它来更换挡位，机械风扇用旋转按钮来定时，等等。Arduino 中，模拟角度传感器可以实现类似的功能。

基于电位器的旋转角度传感器，旋转角度从 0 到 300°，可以非常容易地实现与旋转位置相关的互动效果，例如调节光亮的强度、切换音乐、更改传感器的启动阈值。

| 名称 | 图片 | 说明 |
| --- | --- | --- |
| 模拟角度传感器 | OUT<br>VCC<br>GND | 供电电压：3.3 ～ 5V<br>转动角度：0 ～ 300° |

| 程序模块 | 分类 | 说明 |
| --- | --- | --- |
| 读取引脚 P0 ▼ 模拟值 12位 ▼ | 未来板 - 引脚 | 读取模拟引脚的值，设置模拟值为 12 位时，数值范围是 0 ～ 4095。还可以设置模拟值为 10，此时数值范围是 0 ～ 1023 |

## 任务　　可调光 LED 智能夜灯

### 说明 ·········☺

当光线很弱时，打开 LED 灯；当光线很强时，关闭 LED 灯。LED 的灯光亮度可以通过模拟角度传感器调节。

| 引脚号 | 器件 | 作用 |
|:---:|:---:|:---|
| P0 | 模拟角度传感器 | 调节 LED 灯的明暗程度 |
| P1 | LED 灯 | 发出光亮 |

### 电路连接图 ·········☺

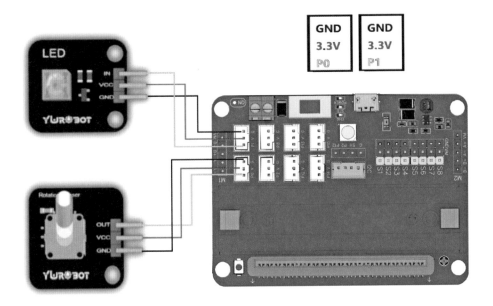

**程序实现**

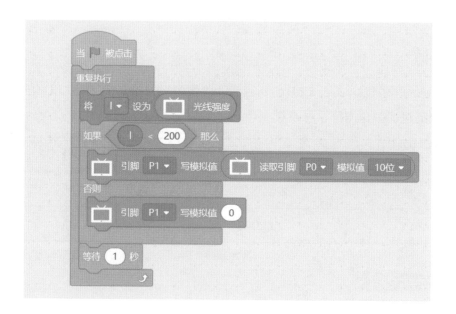

### 数字传感器的拓展——人体红外传感器

有时候，我们对信息的多少不是很在意，只在意有或无两种状态，此时我们就会用到数字传感器。

人体红外传感器，又称热释电传感器，是一种数字传感器，常用于防盗报警、来客告知等，原理是将释放电荷经放大器转为电压输出。

| 名称 | 图片 | 说明 |
|---|---|---|
| 人体红外传感器 | | 也称 PIR 运动传感器，是一种数字输入模块，多用于检测靠近的人 |

| 程序模块 | 分类 | 说明 |
|---|---|---|
| 读取引脚 P0 ▼ 数字值 | 高级 - 引脚 | 读取数字引脚的值 |

## 任务 门铃，当检测到有人时，扬声器发出叮咚的声音

**提示** ········· ☺

叮咚的声音是频率为 600 赫兹和 400 赫兹的声音频率组合。

| 引脚 | 器件 |
|------|------|
| P0 | 人体红外传感器 |

**电路连接图** ········· ☺

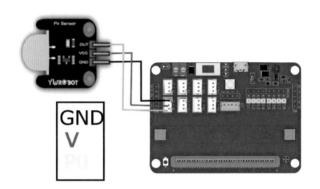

**程序实现** ········· ☺

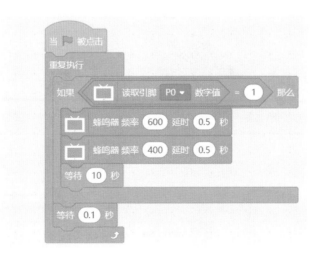

### 特殊常用传感器的拓展——温湿度、超声波传感器

除了模拟传感器和数字传感器之外，还有许多不能归结到这两类传感器之中的特殊传感器。

## 任务一　小小气象站

说明

DHT11 温湿度传感器，是使用一组信号引脚可以同时测试温度和湿度的通用型传感器，通过 DHT11 传感器可以完成简单的气象测量小任务。

| 程序模块 | 分类 | 说明 |
|---|---|---|
| 温湿度模块(DHT11) P0 ▾ 温湿度测量 | 未来板-额外 | 进行温湿度的测量 |
| 温湿度模块(DHT11) P0 ▾ 温度 | 未来板-额外 | 获取 DHT11 传感器测量的温度值 |

器材说明

| 名称 | 图片 | 说明 |
|---|---|---|
| DHT11 数字温湿度传感器 | | 一种可以同时测量温度和湿度的特殊的传感器，温度单位为摄氏度，湿度单位为 % |

连接示意图

| 引脚 | 器件 |
|---|---|
| P0 | DHT11 温湿度传感器 |

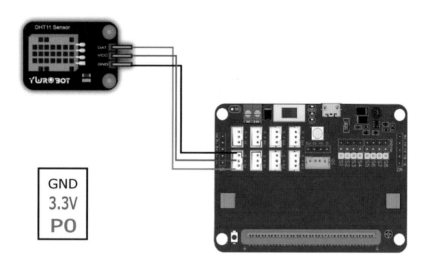

程序实现 ·········· ☺

## 任务二    小小测距仪

说明 ·········· ☺

通过连接 HC-SR04 超声波传感器的方式，测定并显示距离。

## 器材说明 ☺

| 名称 | 图片 | 说明 |
|---|---|---|
| HC-SR04 超声波传感器 |  | 供电电压：3.3 ～ 5V<br>感应角度：不大于 15°<br>探测距离：2 ～ 450cm<br>精度：可达 0.2cm |

## 程序模块 ☺

| 程序模块 | 分类 | 说明 |
|---|---|---|
| HC-SR04 超声波距离(cm) Trig P0 ▼ Echo P1 ▼ | 未来板 - 额外 | 使用超声波传感器测量距离，单位 cm |

## 连接示意图 ☺

| 引脚 | 器件 |
|---|---|
| P0 | 超声波传感器的 T 端 |
| P1（仅数据） | 超声波传感器的 E 端 |

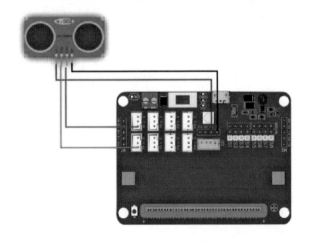
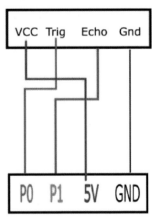

## 串口数据通信

前面的章节中，我们通过 USB 线将在 Kittenblock 中编写的程序烧录到未来板中，本质上就是未来板与电脑的串口通信。

串口通信除了完成未来板的程序烧录，还可以完成两块未来板之间的数据通信工作。串口通信还适合未来板连接需要串口协议的传感器，或与其他开源硬件主控板进行通信。

未来板使用 P2 引脚传输信息（Transmit，即 TX），使用 P12 引脚接收信息（Receive，即 RX）。串口通信需要传输文本信息，传输数字信息前需要转换为文本信息，使用串口通信需要发射端和接收端设置相同的波特率。

## 任务 串口通信的温度计

### 说明

未来板 A 作为发射端测量温度，并通过串口传输到未来板 B。传输温度前，需要将温度转换为文本。

未来板 B 作为接收端接收串口数据，先判断串口是否接收到数据，若接收到数据则接收一行数据，并在屏幕上显示。注意，接收数据时，需要判定是否为空信息。

电路连接：两块未来板需要交叉连接，即未来板 A 的 TX 对应未来板 B 的 RX，未来板 A 的 RX 对应未来板 B 的 TX。

电路连接图 ········ ☺

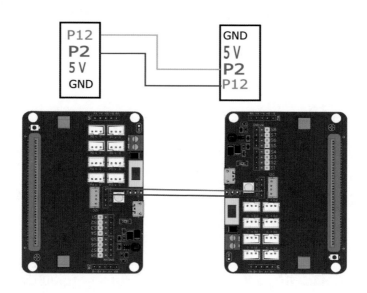

| 程序模块 | 分类 | 说明 |
|---|---|---|
| 初始化 TX-P2 RX-P12 波特率 115200 | 未来板 - 串口 | 初始化未来板的串口通信，默认通信波特率为 115200 比特 / 秒（bit/s） |
| 串口 写入数据 data | 未来板 - 串口 | 向串口写入数据，注意写入的数据需要是文本类型 |
| 串口有数据可读? | 未来板 - 串口 | 判断串口是否有数据 |

续表

| 程序模块 | 分类 | 说明 |
|---|---|---|
|  串口读取一行数据 | 未来板 - 串口 | 从串口读取一行数据 |
| 数字 ▼ | 运算 | 将信息强制转换为数字信息，可以调节参数实现强制转换为文本信息 |
| ⬡ | 运算 | 判断信息是否为空 |

发射端程序：

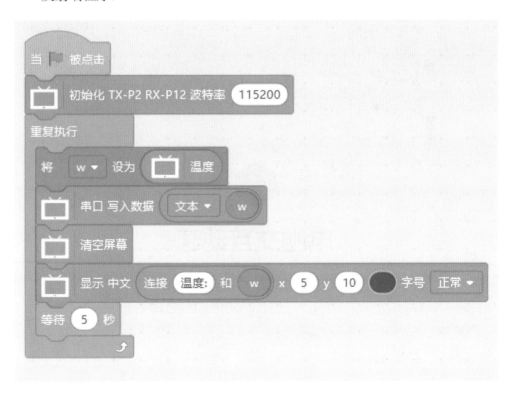

接收端程序：

# 十三、电脑交互动画

　　未来板除了编写离线型程序，还可以采用联机的方式完成交互式动画程序。

　　需要注意的是，未来板实现电脑交互式程序，在程序的执行过程中需要保持与计算机的时刻连接。

　　Kittenblock 的舞台大小为 480 像素 ×360 像素，x 轴坐标范围是 –240～240，y 轴坐标范围是 –180～180。

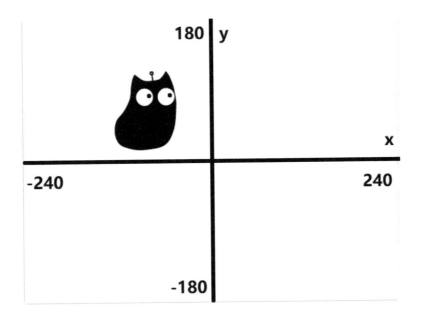

### 1. 小喵拾苹果游戏

使用未来板的倾斜角度控制小喵在屏幕上移动，当小喵拾到苹果时，积分增加。苹果的位置和显示时间随机显示。

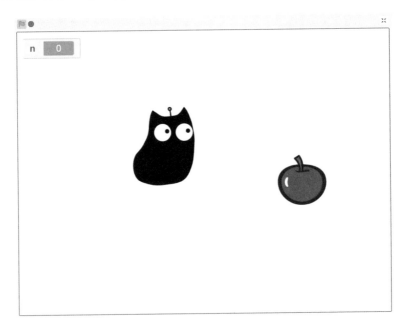

设置变量 n，用于存储小喵与苹果的遇见次数，变量 n 需要显示到屏幕上。

小喵需要两个事件：未来板控制事件和与苹果遇见事件。

苹果需要两个事件：当接收到隐藏消息的事件和苹果出现事件。

所需程序模块：

| 程序模块 | 分类 | 说明 |
|---|---|---|
| 将旋转方式设为 左右翻转 ▼ | 运动 | 设置动画角色旋转方式为左右翻转，防止出现动画角色头朝下的问题 |
| 面向 90 方向 | 运动 | 将动画角色面向90°方向 |
| 移动 10 步 | 运动 | 动画角色移动 10 步 |
| 碰到 鼠标指针 ▼ ？ | 侦测 | 动画角色碰到鼠标指针，调整参数实现碰到其他角色 |
| 广播 hidden ▼ | 事件 | 广播消息，角色之间通过广播进行信息交互 |
| 移到 x: 125 y: -158 | 运动 | 将角色移动到坐标指定位置 |
| 当接收到 hidden ▼ | 事件 | 当收到特定广播时，执行对应事件 |

程序实现 ·········☺

　　小喵程序，需要点击角色窗体中小喵角色后，进行编程。

　　小喵移动事件：初始化使变量 n 清零，使用未来板的倾斜角度改变小喵的朝向，根据小喵的朝向移动小喵。

| 未来板倾斜角度 | 角色朝向 | 动作 |
|---|---|---|
| 未来板俯仰角小于–45° | 0° | 小喵向屏幕上侧走 10 步 |
| 未来板俯仰角大于45° | 180° | 小喵向屏幕下侧走 10 步 |
| 未来板横滚角小于–45° | –90° | 小喵向屏幕左侧走 10 步 |
| 未来板横滚角大于45° | 90° | 小喵向屏幕右侧走 10 步 |

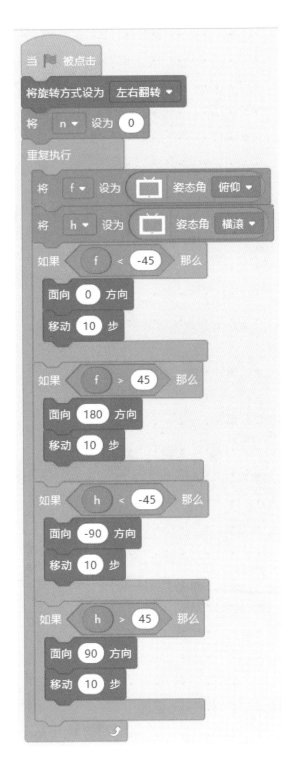

小喵遇到苹果事件：小喵遇到苹果后，向苹果发送"hidden"消息，通知苹果隐藏，同时 n 增加 1。隐藏苹果，可以保证一次遇见，n 的值只增加 1 次。

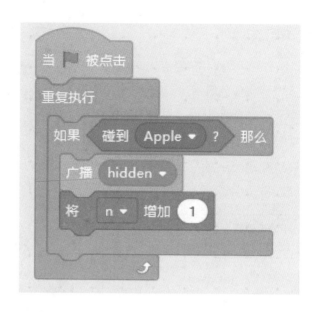

苹果的随机显示：苹果显示的时间和位置采用随机的方式完成。

苹果收到隐藏消息事件：苹果收到消息后，隐藏。

## 2.垃圾分类

北京市垃圾分类标准中，将垃圾分为厨余垃圾、可回收物、有害垃圾和其他垃圾。

厨余垃圾：指家庭中产生的菜帮菜叶、瓜果皮核、剩菜剩饭、废弃食物等易腐性垃圾；从事餐饮经营活动的企业和机关、部队、学校、企业事业等单位集体食堂在食品加工、饮食服务、单位供餐等活动中产生的食物残渣、食品加工废料和废弃食用油脂；农贸市场、农产品批发市场产生的蔬菜瓜果垃圾、腐肉、肉碎骨、水产品、畜禽内脏等。其中，废弃食用油脂是指不可再食用的动植物油脂和油水混合物。

可回收物：指在日常生活中或者为日常生活提供服务的活动中产生的，已经失去原有全部或者部分使用价值，回收后经过再加工可以成为生产原料或者经过整理可以再利用的物品，主要包括废纸类、塑料类、玻璃类、金属类、电子废弃物类、织物类等。

有害垃圾：指生活垃圾中的有毒有害物质。包括废电池，废荧光灯管（日光灯管、节能灯等），废温度计，废血压计，杀虫剂及其包装物，过期药品及其包装物，废油漆、溶剂及其包装物等。

其他垃圾：指除厨余垃圾、可回收物、有害垃圾外的生活垃圾，以及难以辨识类别的生活垃圾。主要包括餐盒、餐巾纸、湿纸巾、卫生纸、塑料袋、食品包装袋、污染纸张、烟蒂、纸尿裤、一次性餐具、贝壳、花盆、陶瓷碎片等。

**程序思路** ⋯⋯⋯ ☺

使用未来板收听语音信息，当未来板 A 按钮被按下时，接收语音消息，并转换为文本，存储到变量 x 中。

分别使用变量 youhai、chuyu、kehuishou、qita 四个变量存储垃圾的关键词列表。名词之间使用中文句号隔开，原因是使用语音识别操作时，识别结果包含句号。用句号间隔关键词，方便文字的匹配。

使用变量 f 代表垃圾所属的类别，默认 5 代表不确定属于哪个分类。比较 x

属于哪种垃圾，将小喵移动到相应的垃圾桶旁，并说出"x 是某类垃圾"，如果 x 不属于四类垃圾，则小喵移动到舞台中心位置，同时说"是什么垃圾呢，我不清楚，请换个说法，谢谢。"

**程序准备**

将四类垃圾桶背景图片（分辨率 480×360）上传到 Kittenblock 的舞台中，并确定四个垃圾桶的大体位置。

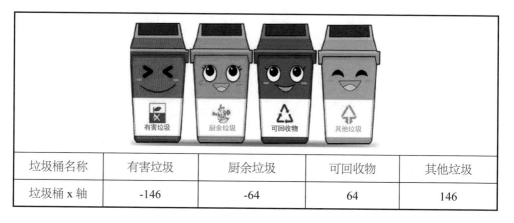

| 垃圾桶名称 | 有害垃圾 | 厨余垃圾 | 可回收物 | 其他垃圾 |
|---|---|---|---|---|
| 垃圾桶 x 轴 | -146 | -64 | 64 | 146 |

确定垃圾桶位置，可以通过拖动小喵的方式，查看"移到"程序图块的参数。例如当小喵处于有害垃圾桶上方，"移动"图块参数如下：

| 程序模块 | 分类 | 说明 |
|---|---|---|
| 移到 x: -150 y: 75 | 运动 | 将动画角色移动到坐标的位置 |

程序实现 ·········· ☺

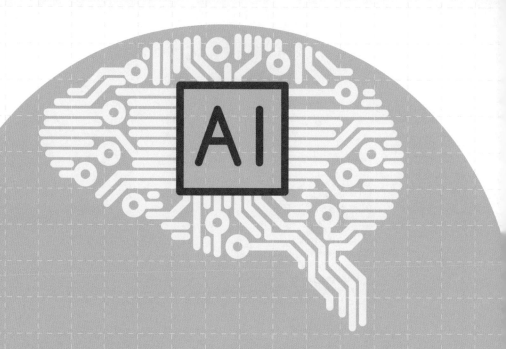

# 第四章
# 离线型人工智能

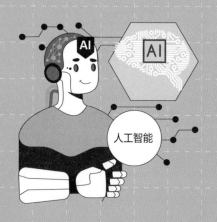

本章将使用人工智能电子模块 KOI 介绍离线型人工智能。

KOI 本身也能作为主控板使用。KOI 能够实现语音识别、人脸识别、标签识别、颜色识别、机器学习、IoT（物联网）等。KOI 与外接主控板的通信为串口通信，它的工作原理是接收串口指令作出反应，实际上是一个异步的流程。

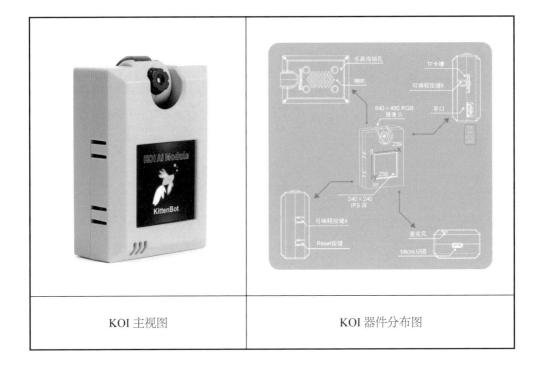

| KOI 主视图 | KOI 器件分布图 |

特色 ·········· ☺

- AI 与 IoT 相结合，实现真正的离线 AIoT 功能。
- 可实现较为完整的 AI 功能，包含视、听、说三方面。
- 图形化编程和代码编程有机结合，适合不同层次的用户。
- 可自主训练机器模型，并支持由内存卡从外部导入模型使用。

功能枚举 ⋯⋯⋯ ☺

| 功能 | 详情 | 应用案例 |
|---|---|---|
| 视觉追踪 | 形状追踪<br>色块追踪 | 道路/巡线无人车<br>自动倒车入库 |
| 人脸追踪、辨认 | 记录人脸并辨别特定人脸（返回名字和可信度）返回人脸坐标 | 人脸识别门禁<br>人脸追踪云台 |
| 特征分类器（机器学习） | 自定义识别物体脱机训练无需联网和电脑辅助模型可通过 SD 卡导入导出 | 猜拳机器人<br>垃圾分类装置<br>特定物体识别 |
| 扫码模式 | 二维码、条形码、AprilTag 卡片识别和空间定位 | 无人商店<br>指示牌识别无人车 |
| 语音相关 | 语音（声纹）识别、录音和播报 | 语音识别智能家居 |
| 物联网 | MQTT | 远程遥控、智能家居 |

KOI 的摄像头可以实现 0～180°的旋转，但 KOI 不能检测到镜头当下是处于前置还是后置模式，因此我们需要用程序中的积木块进行摄像头前置或者后置的设置。

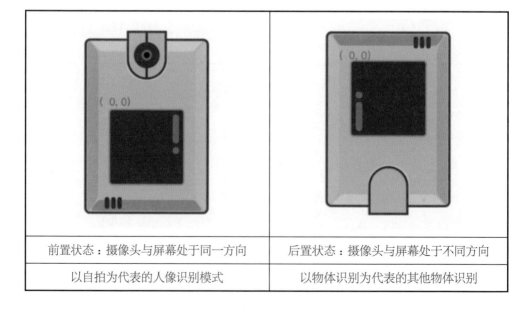

| 前置状态：摄像头与屏幕处于同一方向 | 后置状态：摄像头与屏幕处于不同方向 |
|---|---|
| 以自拍为代表的人像识别模式 | 以物体识别为代表的其他物体识别 |

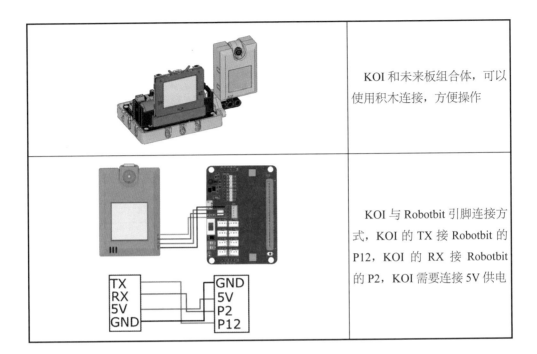

| | |
|---|---|
| | KOI 和未来板组合体，可以使用积木连接，方便操作 |
| | KOI 与 Robotbit 引脚连接方式，KOI 的 TX 接 Robotbit 的 P12，KOI 的 RX 接 Robotbit 的 P2，KOI 需要连接 5V 供电 |

　　未来板使用 KOI 完成人工智能项目，需要程序处于代码模式，且 KOI 连接 P2 和 P12 接口，供电需要保持 5V 供电（18650 电池要电量充足，否则 KOI 可能会不断重启）。

　　出现代码窗口，KOI 的程序才能处于可用状态。

# KOI 基础功能

KOI 基础功能：文字、图片显示、拍照。

KOI 的屏幕可以显示文字和图像，KOI 的摄像头可以拍照。

| 程序模块 | 分类 | 说明 |
|---|---|---|
| 显示字符串 x: 5, y: 5, 500 ms, Content: hello world | KOI- 基础 | 在 KOI 的屏幕中显示文字，注意 KOI 不能显示中文文字 |
| 拍照截图 s1.jpg | KOI- 基础 | KOI 拍照，需要 KOI 预先插入 TF 卡 |
| 显示图片 s1.jpg | KOI- 基础 | 显示 KOI 连接的 TF 内图片 |

## 任务　　小小照相机

### 说明 ·······☺

　　未来板 A 键实现拍照功能，当被按下后，在抬起一瞬间，KOI 进行拍照操作。

　　未来板 B 键实现图片浏览功能，每秒切换一张被拍下的图片。

程序实现 ·········☺

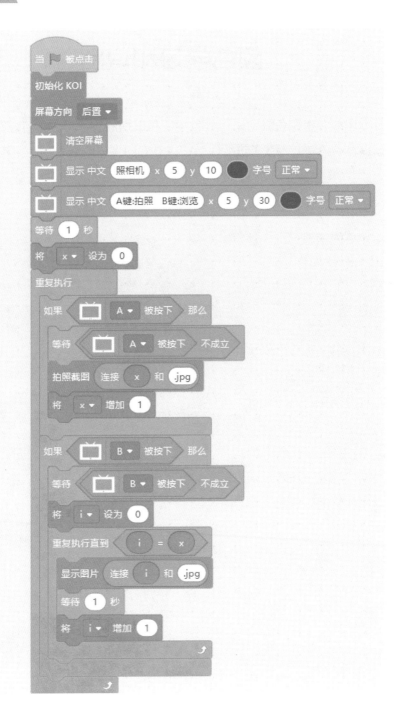

# 颜色学习和识别

视觉巡线和追踪色块均采用颜色学习和识别的技术，在学习好对应颜色后，可对该颜色的色块或者线条进行追踪并将对应的坐标数据返回到屏幕上。

**注意** ☺

KOI 只能学习记忆一种颜色。

**操作步骤** ☺

① 校准颜色，并给颜色定一个名字，根据名字就可以对复数个颜色进行校准和辨别。

② 根据需要可以选择视觉巡线或追踪色块，只需要填入已经校准的颜色名称即开始追踪。

**程序实现** ☺

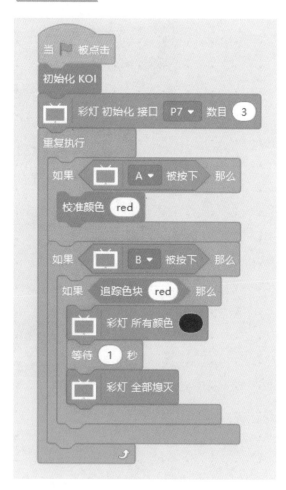

# 扫码功能

未来板可以实现二维码、条形码与 April 码识别功能。以二维码为例，我们尝试实现二维码的扫描识别功能。

**注意** ·······☺

KOI 不能实现中文二维码的识别，只能识别英文、数字和符号的二维码。

## 什么是二维码

二维码又称二维条码，常见的二维码为 QR Code，QR 全称 Quick Response，是一种流行的编码方式，它比传统的 Bar Code 条形码能存更多的信息，也能表示更多的数据类型。

二维码是用某种特定的几何图形按一定规律在平面（二维方向上）分布的、黑白相间的、记录数据符号信息的图形；在代码编制上巧妙地利用构成计算机内部逻辑基础的"0""1"比特流的概念，使用若干个与二进制相对应的几何形体来表示文字数值信息，通过图像输入设备或光电扫描设备自动识读以实现信息自动处理。它具有条码技术的一些共性：每种码制有其特定的字符集；每个字符占有一定的宽度；具有一定的校验功能；等。同时还具有对不同行的信息自动识别，及处理图形旋转变化点功能。

## 二维码的生成

草料网等网站可以实现从文字信息到二维码图片的转换功能。

## 二维码的识别

| 程序模块 | 分类 | 说明 |
| --- | --- | --- |
|  | KOI- 扫码 | 实现二维码的检测识别功能 |

程序实现 ········ ☺

当按钮 A 被按下，KOI 检测二维码并在未来板屏幕上显示二维码信息。

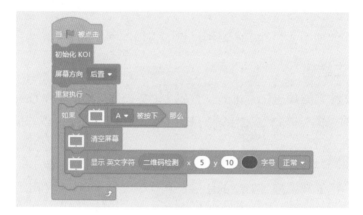

四、

# 形状识别

KOI 可以实现圆形和矩形形状的检测功能。

圆形　　　　　　　　　　矩形

## 任务　　圆形的识别

| 程序模块 | 分类 | 说明 |
|---|---|---|
| 追踪圆形阈值 4000 | KOI- 形状识别 | 判断是否有圆形图案，可以设定阈值，过滤一些过于小的圆形 |
| 圆形 cx ▼ | KOI- 形状识别 | 识别到圆形后，获取到中心坐标 x、y 和半径 r |

**程序实现** ········· ☺

追踪圆形的阈值越大，越难识别出圆形，程序中可以适当减小数值，降低图形的识别难度。

五、

# 机器学习

KOI 通过使用分类器，可以实现机器学习。机器学习的过程是把要识别的样本 A 放在镜头下让其学习，同时告诉它这个样本的标签是 x。通过录入多个角度的样本 A，机器学习已经学会了识别样本 A。以此类推，我们增加样本 B，再增加样本 C。特征分类识别如果想达到比较好的识别效果，一般要求单个样本需要拍 4 张以上照片。

| 程序模块 | 分类 | 说明 |
| --- | --- | --- |
| 重置特征提取器 | KOI- 机器学习 | 清空 KOI 机器学习的特征库 |
| 添加标签 paper | KOI- 机器学习 | 添加标签 paper 到特征库 |
| 获取特征分类标签 | KOI- 机器学习 | 对比样本特征，返回特征库中符合条件的标签名称 |

## 任务　　猫与狗的识别

### 程序实现

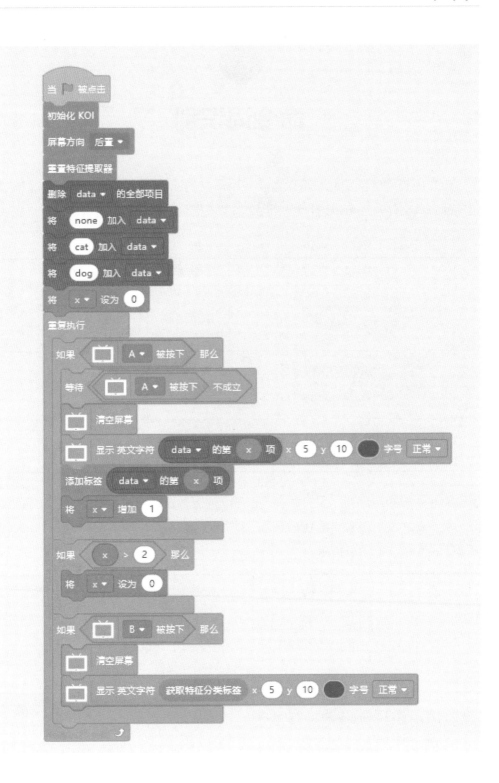

# 命令词识别

KOI 内置的音频功能，可以做成一个简易的 mp3 播放器，进行录音、播放指定的音频文件，还可以进行语音识别、录入指定的指令，通过编程就可以完成语音控制程序。

| 程序模块 | 分类 | 说明 |
|---|---|---|
| 环境噪音校准 | KOI- 音频 | 环境噪声校准，校准之后才能进行命令词的添加与识别 |
| 命令词 添加 paper | KOI- 音频 | 命令词的添加 |
| 命令词 搜索 | KOI- 音频 | 命令词的识别 |

KOI 环境噪声检测、添加命令词和命令词搜索过程中，都需要保持安静的周围环境。KOI 使用黑色、红色、绿色三种背景颜色区分不同的状态。同时，KOI 屏幕上会有相应的信息提示。

| 环节 | 正在检测 | 成功 | 失败 |
|---|---|---|---|
| 环境检测状态 | "Keep Quiet" "Collecting noise..."，代表正在检测环境噪声 | "Done"，代表周围环境比较安静，可以进行命令词相关操作 | "Keep quiet and try again"，代表环境噪声过大，不能进行命令词相关操作 |
| 命令词添加 / 识别 | "Listening"，KOI 正在收听语音信息 | "关键词"，添加 / 识别成功关键词 | "Silent"，环境噪声过大,命令词识别添加 / 识别失败 |

# 任务一　语音控制 RGB 灯

## 说明 ☺

通过语音指令关键词"关闭、红色、蓝色、黄色"控制灯的关闭，显示红、蓝、黄灯。

程序初始时，向列表 $c_i$ 中加载需要训练的指令关键词。同时进行 KOI 的环境噪声校准。

使用无限循环的方式，检测未来板 A、B 按钮是否被按下。

当未来板 A 按钮被按下时，进行语音指令的训练工作，每按一次按钮显示关键词，用户口述关键词完成命令训练，当训练完成时，未来板屏幕显示"finish"。

当未来板 B 按钮被按下时，进行命令词识别，并根据识别结果进行 RGB 的灯光控制。

## 程序实现 ☺

## 任务二　语音复读

说明 ----------☺

　　音频文件需要存储到 TF 卡中，所以实现此程序，KOI 中需要安装 TF 卡。

　　按钮 A 被按下时，录制音频文件"hello.wav"。音频的大小不能超过 512kb，时长大约 3 秒。

　　按钮 B 被按下时，播放"hello.wav"。可以反复按动 B 按钮，实现音频的多次播放。

| 程序模块 | 分类 | 说明 |
|---|---|---|
| 录制音频 `a.wav` | KOI- 音频 | 录制音频文件，并进行命名，格式为 wav，不超过 512kb，生成的文件存储在 TF 卡中，可以反复使用 |
| 播放音频 `S1.wav` | KOI- 音频 | 播放指定名称的音频文件 |

程序实现 ----------☺

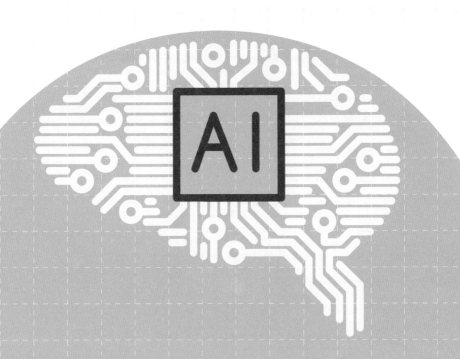

# 第五章

# 人工智能综合项目

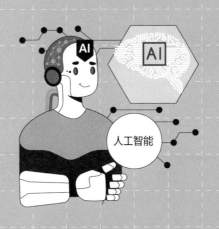

受软件版本限制，本章以无人车为例介绍人工智能综合项目。

## 任务　无人车

无人车，即无人驾驶汽车、自动驾驶汽车、电脑驾驶汽车或轮式移动机器人，是一种通过电脑系统实现无人驾驶的智能汽车。

无人车依靠人工智能、视觉计算、雷达、监控装置和全球定位系统协同合作，让电脑可以在没有任何人类的主动操作下，自动安全地操作机动车辆。

使用超声波传感器、KOI、Robotbit 和直流减速电机，可以制作一个简单的无人车。

| | |
|---|---|
|  | KOI 采用后置方式安装在车体前侧，超声波传感器处于车体下侧，KOI 的摄像头和超声波传感器都朝向车体前侧方向 |
|  | KOI 的显示屏可以查看摄像头识别的交通标识内容 |

超声波传感器的作用是检测车体前方是否存在交通标识，当车体前方有交通标识时，KOI 检测交通标识内容，驱动直流减速电机进行不同动作。

| 引脚号 | 器件 | 作用 |
|---|---|---|
| P0 | 超声波传感器 | 测距，测量车体前方是否有交通标识卡片 |
| P1 | | |
| P2 | KOI 端 Rx | 连接 KOI，进行交通卡片的特征学习与识别 |
| P12 | KOI 端 Tx | |
| Robotbit 减速电机接口 | 四路直流减速电机 | 驱动车体运动 |

**程序实现** ..........☺

需要先准备六种交通标识卡片：空白、前行、后退、左转、右转、停止。

| 名称 | 关键词 | 图片 | 名称 | 关键词 | 图片 |
|---|---|---|---|---|---|
| 空白 | none | 空白卡片 | 左转 | left | |
| 前行 | front | | 右转 | right | |
| 后退 | back | | 停止 | stop | |

未来板按钮 A 用于 KOI 交通标识的识别，使用列表 data 存储关键词列表。当按钮 A 被按下时，轮询地将六种交通标识加入到标签中。

未来板按钮 B 用于实现无人车操作。当按钮 B 被按下时，超声波传感器持续测定前方是否存在交通标识标签，存储于变量 n 中。当 n 小于 30 时，KOI 获取特征分类标签，存储到变量 v，根据 v 的内容，驱动电机完成前进、后退、左转、右转和停止的操作。为简化代码，电机驱动程序采用自制积木 drive 完成。

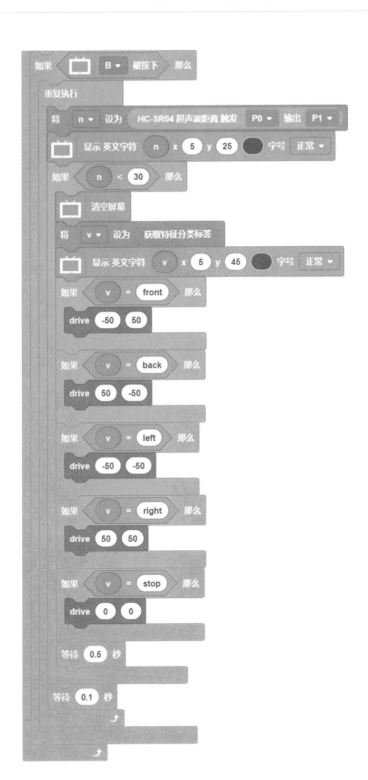